“十四五”普通高等教育本科部委级规划教材

传统服饰与创新设计实践

附视频

崔荣荣 / 主编
金晨怡 鲍殊易 / 副主编

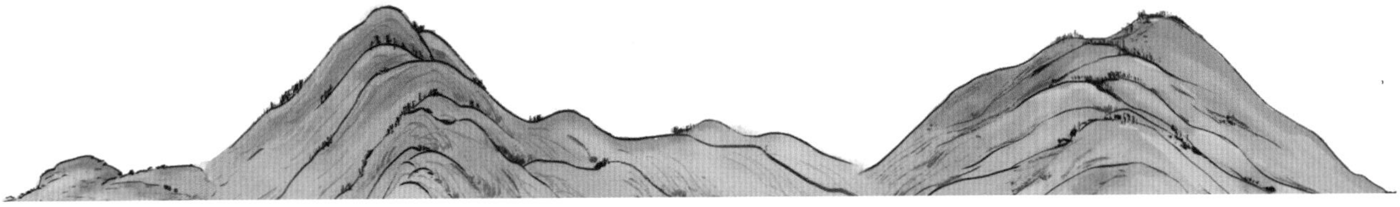

TRADITIONAL COSTUME

INNOVATIVE DESIGN PRACTICE

中国纺织出版社有限公司

内 容 提 要

本书以中国服装史的基本理论为基础，结合服装史、设计学等学科的相关理论以及国内外时尚设计领域的相关研究成果，较深入、系统地介绍及分析了中国传统服饰与基于传统服饰的时尚创新设计。主要内容包括中国服装史、中国传统服饰的名词界定及含义、现代服装设计方法、时尚潮流与现代生活方式的交融、中国风时尚起源及经典案例分析、基于传统服饰的现代度身定制设计方法及案例分析等。

本书突出学术性和应用性相结合的特色，可供各院校服装相关专业的学生学习使用，也可供从事服装学科研究和工作者及爱好者参考使用。

图书在版编目（CIP）数据

传统服饰与创新设计实践：附视频 / 崔荣荣主编；金晨怡，鲍殊易副主编. -- 北京：中国纺织出版社有限公司，2022.6

"十四五"普通高等教育本科部委级规划教材

ISBN 978-7-5180-9435-6

Ⅰ. ①传… Ⅱ. ①崔… ②金… ③鲍… Ⅲ. ①服饰文化-中国-高等学校-教材②服装设计-中国-高等学校-教材 Ⅳ. ①TS941.12

中国版本图书馆CIP数据核字（2022）第049878号

责任编辑：金 昊　　特邀编辑：马 涟

责任校对：楼旭红　　责任印制：王艳丽

中国纺织出版社有限公司出版发行

地址：北京市朝阳区百子湾东里 A407 号楼　邮政编码：100124

销售电话：010—67004422　传真：010—87155801

http://www.c-textilep.com

中国纺织出版社天猫旗舰店

官方微博 http://weibo.com/2119887771

北京华联印刷有限公司印刷　各地新华书店经销

2022 年 6 月第 1 版第 1 次印刷

开本：889 × 1192　1/16　印张：14

字数：193 千字　定价：69.80 元（附视频）

前　言

中国优秀传统服饰文化是中国悠久历史文化中不可或缺的组成部分，历朝历代服饰代表一个时代的缩影和更迭，反映当时的社会风尚和精神风貌。进入21世纪，一方面，国家愈加重视，2017年中共中央办公厅、国务院办公厅印发《关于实施中华优秀传统文化传承发展工程的意见》，文件指出“复兴、传承中国优秀传统文化，是建设中国特色社会主义事业的实践之需，打造具有中国特色、中国风格、中国气派的文化产品，增强文化软实力，做到文化自信”。另一方面，近年来我国涌现出一些高级服装定制品牌，打造出别具一格的中国风，中国优秀的传统服饰文化元素不断涌现在国内外重大秀场中。作为优秀的传统服饰文化的发祥地，需要我们服装专业师生借着优秀传统服饰文化风靡国内外的东风和浪潮，抓住承扬优秀传统文化的机遇，秉持复兴中国优秀的传统服饰文化的理念，并在时尚专业院校将理念落地执行。

中国传统服饰文化是中华民族文化的重要组成部分。这些传统文化随着时代的变迁与社会的不断进步发展，对现代生活方式、时尚设计方法具有深刻的影响及参考意义。在提倡大力弘扬中国民族文化的现代社会，我们服装专业师生应该更加深入研究优秀的中华民族传统文化，并且在中国传统服饰文化的基础上进行时尚创新设计。这是在“十四五”本科教材体系中开拓这门新学科的立意主旨。

本教材内容分为五讲。第一讲，主要阐述中国服装史与中国传统服饰文化的传承脉络，包括服饰文化的概念、少数民族传统服饰文化、传统服饰文化的融合与传承。第二讲，传统服饰文化基因提取、纹样基因提取、色彩基因提取等。第三讲，梳理了当代传统服饰的称谓，中华传统服饰体系的构建，创新设计体系的解码，以及创新设计体系Ⅰ——传统与时尚潮流、现代生活方式的交融以及中国风的起源与典型案例分析。第四讲，主要阐述创新设计体系Ⅱ——传统风格范式形成，包括当代时尚设计中传统风格的定位、传统风格及其时尚设计方法、传统风格的形制创新、面料创新、装饰创新和搭配创新等。第五讲，主要阐述了创新设计体系Ⅲ——传统服装的高级定制度身设计，包括度身定制的概念以及设计构成、度身定制的案例分析与设计方案展示等。本教材理论与实践并重，是高等教育历来所遵循的教育教学的基本规律。

作为教材，本书在每章的开始部分有文化内涵的阐述；在每节的结束编有实践设计方案的练习与案例参考，并且附有推荐阅读书目，为教师的备课与学生的自学提供参考；本教材图文并茂，其中无备注图片均为江南大学民间服饰传习馆藏品；教材还附有视频等新媒介内容的链接，给专业师生更真切的教学互动感受，也是积极配合中国纺织出版社“十四五”规划教材鼓励“融合出版”的要求。

崔荣荣

2022年3月

目　录

第一讲

传统服饰文化的传承脉络

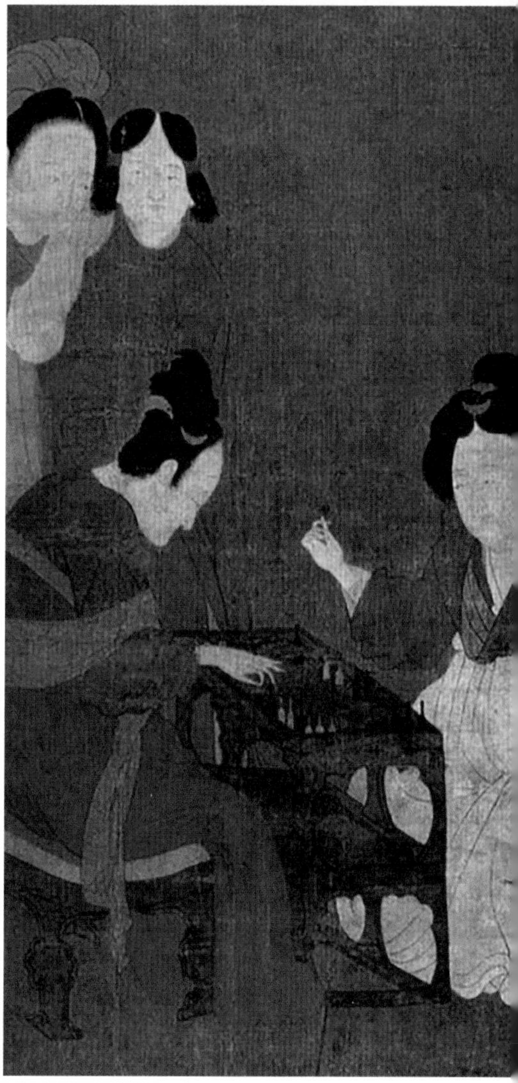

在文化交流的全球化语境下，传承、发扬与创新中华民族经典文化成为实现“中国梦”的重大议题。传统服饰文化历史悠久、博大精深，是中华优秀传统文化及民族艺术的重要构成内容。中华传统服饰的历史文化在数千年的锤炼中愈发耀眼，广泛涉及农业、手工业与民间艺术等，能够最直接通俗地展示出中华民族璀璨的物质文化遗产与丰厚的非物质文化遗产，既是中华文明中物质文化的呈现内容，也是中华精神文化的形式载体。承扬和创新传统服饰文化是中华文化复兴大任中不可忽视的重要内容。

第一节　传统服饰文化发展史略

学习目的和能力要求：

本章节通过对中国传统服饰文化的学习，使学生掌握中国服饰的起源及发展经历。了解中国服饰在不同时期、不同地域的演化及特点。加强学生的文化修养和历史修养，汲取中国传统服饰中的精华，结合当下设计元素，进行创新设计。

学习重点和难点：

掌握学习服装史的方法，从概括的角度了解从先秦到民国等不同时期的服饰特征、服饰风格以及与社会变革的关系。

中华民族是一个具有悠远历史和深厚情感交积的民族，五千年的华夏文明进程中衍生了丰富多彩的中华民族本土文化。其中，积淀深厚、博大而灿烂的服饰文化是数千年来我国各族人民用勤劳的双手和智慧的心灵创造出来的，并与社会、生活、民俗风情、民族情感以及理想信念深深连接在一起，逐渐形成了中华民族“各美其美、美美与共”的多元一体特色。

一、先秦服饰

中华服饰的起源可以追溯到远古时期，最初人类用兽皮、树叶来遮体御寒，后来用磨制的骨针、骨锥来缝纫衣服。[1]先秦华夏服饰是中华服饰真正意义上的发展期，殷商时期已

[1] 蔡宗德，李文芬．中国历史文化[M]．北京：旅游教育出版社，2003:81.

有冕服等阶级等别的服饰，[1]商周时期中华的服饰制度开始形成，服饰形制和冠服制度逐步完备，形成了服饰发展的等级文化。

（一）“上衣下裳”的基本形制

“上衣下裳”的造型最早出现于原始社会晚期，《世本》说：“伯余作衣裳，胡曹作冕，于则作扉履。”明代学者罗颀在《物原》中载：“轩辕臣胡曹作衣，伯余为裳，因染彩以表贵贱，舜始制衮及黻深衣，禹作襦裤。”[2]《淮南子》中记载：“伯余之初作衣也，緂麻索缕，手经指挂，其成犹网罗。”伯余、胡曹皆黄帝臣，这些文字都说明黄帝时代已有上衣下裳的服饰，并且上衣下裳的服饰等级亦初步确立。《路史》中进一步说明了这个问题，《路史·疏仡纪·黄帝》篇说黄帝“法乾坤以正衣裳”。乾坤指天地，天与地在自然中截然分开，天在未明时为玄色（黑色），大地为黄色，故衣与裳分开成两截式，且上衣用玄色，下裳用黄色。这样上衣下裳的款式和服装色彩就基本确定了。

（二）衣冠礼服和等级制度的确立

周王朝以“德”“礼”治天下，确立了更加完备的服饰制度，中国的衣冠以礼为制大致形成。冕服是周代最高礼仪的服饰，主要有冕冠、玄衣、纁裳、舄等主体部分以及蔽膝、绶带等配件组合而成，是帝王公侯臣僚参加祭祀典礼时最贵重的一种礼冠服饰；纹样视级别高低不同，以“十二章”为贵；除纹样外，早期服饰的等级性在服饰材料上亦有所体现。由此可见，早期服饰的“等级制度”基本确立。

（三）立领形制的肇始

立领的形制最早可以追溯至距今3000多年前的西周时代。先秦时期百姓穿着粗毛织成的“褐衣”，新疆鄯善苏贝希Ⅰ号墓地4号墓出土过一件西周的对襟褐衣（图1–1），立领、对襟，两袖紧窄，是先秦时代鲜有的交立领实物[3]，历经数千年未腐。此件褐衣立领结构巧妙，后领与衣身拼缝，前领则与衣身连为一体，是中式立领的直接雏形。2003年山西曲沃晋侯墓地8号墓出土的一件西周的戴冠玉人（图1–2），穿上衣下裳，上衣采用窄袖，颈部直立短领，是一款筒状的立领结构。上述两件出土文物是目前出土最早关于立领形象的资料，将立领出现的时间界定在西周时代。

---

[1] 袁仄.中国服装史[M].北京:中国纺织出版社,2005:24.
[2] 罗颀.物原[M].北京:中华书局,1985:9.
[3] 高春明.中国历代服饰文物图典[M].上海:上海辞书出版社,2018:26,54.

图1-1　[西周] 对襟褐衣　|（新疆鄯善苏贝希Ⅰ号墓地4号墓出土）

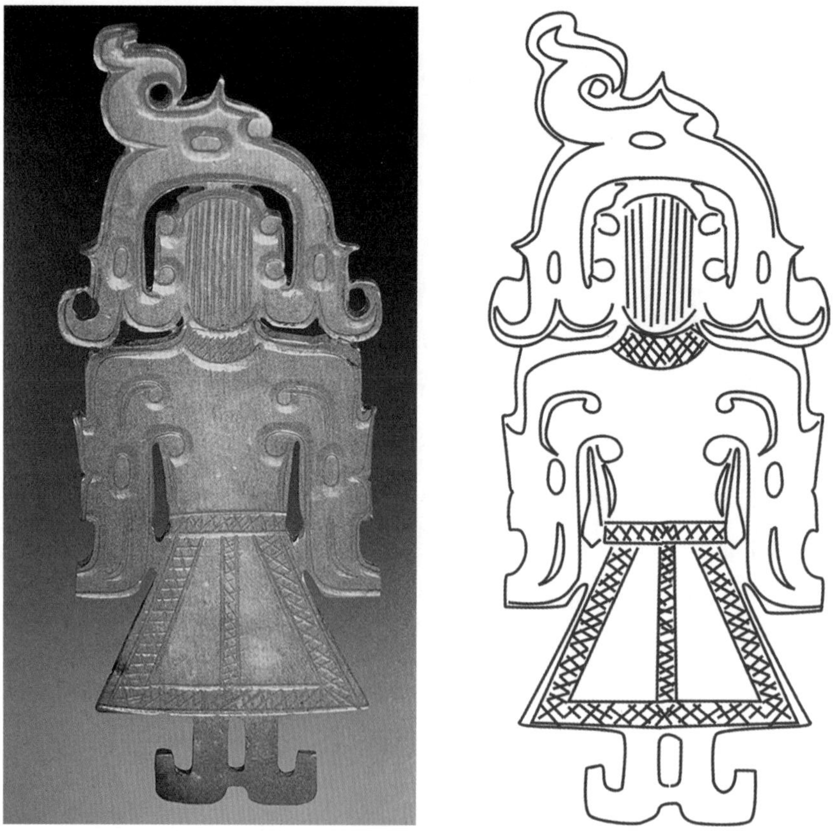

图1-2　[西周] 戴冠玉人着上衣下裳　|（山西曲沃晋侯墓地8号墓出土）

（四）续衽"深衣"的规矩及象征喻义

周代，衣冠服饰逐渐成为礼治的重要组成部分，从天子至卿士至平民百姓都有严格的章服制度。此外，我国传统服饰的重要形制"深衣"（图1-3）在周朝末期已开始形成，男女皆服。《礼记·深衣篇》记载："古者深衣盖有制度，以应规、矩、绳、权、衡。短毋见肤，长毋被土。续衽钩边。要（腰）缝半下。袼（gè）之高下，可以运肘，袂（mèi）之长短，反诎之及肘。"其基本造型是先将上衣下裳分裁，然后在腰部缝合，成为整长衣，以示尊祖承古，象征天人合一，恢弘大度，公平正直，包容万物的东方美德；其袖根宽大，袖口收祛，象征天道圆融；领口直角相交，象征地道方正；背后一条直缝贯通上下，象征人道正直；下摆平齐，象征权衡；分上衣、下裳两部分，象征两仪；上衣用布四幅，象征一年四季；下裳用布十二幅，象征一年十二月。故古人身穿深衣，自然能体现天道之圆融，怀抱地道之方正，身合人间之正道，行动进退合权衡规矩，生活起居顺应四时之序[1]。深衣成为按天地人合的朴素哲理规范人类行为方式和社会生活的重要物品。深衣奠定了中国传统服装平面结构的宽舒形制，它既作为士大夫的服装形制，也是普通阶层的礼服形式。春秋战国时期纺织技术、裁剪工艺、装饰技艺的进步也推动了深衣的全面盛行，奠定了后世我国服装历史延续发展的结构基础。

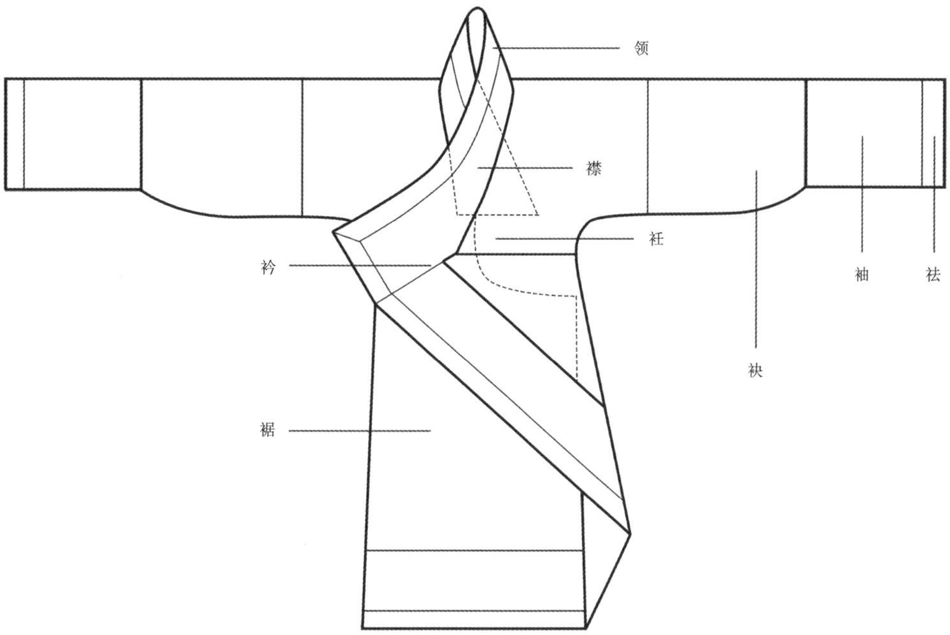

图1-3 [清代]江永《深衣考误》复原图

---

❶（清）黎庶昌.遵义沙滩文化典籍丛书:黎庶昌全集六[M].黎铎,龙先绪,点校.上海:上海古籍出版社,2015:3841.

（五）直襟袍服的肇始

商周时期出现的“上衣下裳”与“深衣”确立了中华服饰发展的两种基本形制，传统服饰在此基础上不断发展演进，在不同的历史时期呈现出丰富多彩的服饰表现。在战国时期开始出现直衽的袍服，沈从文先生认为袍服是深衣的发展而至，男女都可穿着，庶人穿用无染色的素布白袍。马山出土有战国中期直裾袍（图1–4），此外还有绢、纱、罗、锦等各种衣着10余件，多以丝绵充絮，为目前所见的最早袍服实物。

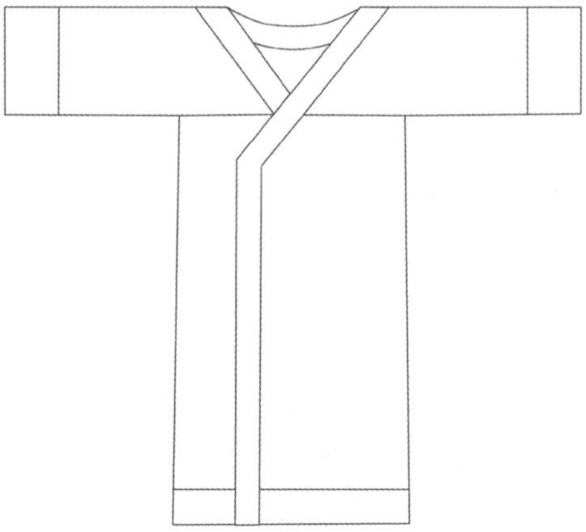

图1-4 [战国] 直裾袍实物及款式图示 |（马山楚墓出土）

二、秦汉服饰

秦统一中国，兼收六国车骑服御，创立了统一的服饰制度，对后世产生重要影响。汉代初期尚节俭，随着政权的巩固及经济的发展，服饰风尚也随之变化，趋于奢华，新颖之处颇多，服装多以深衣、襜褕、袍、襦衫、裤最为常见。

（一）男女着袍服开始流行

西汉之初，服饰承袭秦制，大体沿袭深衣形式。男袍出土实物匮乏，仅在壁画、陪葬俑中多见其身影，如长沙马王堆出土的冠人俑（图1–5），身着深蓝色菱纹罗绮曲裾袍，门襟处装饰以织锦缘边；女袍有西汉褐色罗地信期绣丝绵曲裾袍（图1–6），身长150厘米，通袖长250厘米，袖口宽28厘米，腰宽60厘米，袍为交领、右衽、曲裾式。另外，襜褕是典型的直裾袍，汉代字书《急就篇》：“襜褕，直裾禅衣。”东汉时袍服由西汉时期的曲裾整体过渡到直裾形式，这一时期也是袍服逐渐走向成熟的时期，在传统袍服演变史中起着承上启下的作用。

图1-5 [西汉] 着曲裾袍的冠人俑 |（马王堆一号汉墓出土）

图1-6 [西汉] 褐色罗地信期绣丝绵曲裾袍 |（马王堆一号汉墓出土）

（二）女子着襦衫的流行

襦衫为汉代的日常服装，襦、裤、袍是男子日常装束，农耕时有束腰短衣的形象；襦裙是汉代女子的常服，特点是窄袖、右衽、交领，下裙以素绢四幅连接缝合，上窄下宽，腰间施褶裥，裙腰系绢带，裙式较长。贵妇穿襦裙，着高头丝履，丝履绣花。庶民女子衣袖窄小，裙子至足踝以上，为了劳动方便，裙外还要有一条围裙。

襦，《说文》曰："短衣也。"《辞海》中解释为："短衣、短袄。"《中国衣冠大辞典》则给襦的长度规定了范围："长不过膝的短衣。"另外，上襦本身的衣长也有不同，长度在腰和大腿上部之间的称为短襦，长度在大腿上部至膝之间的称为长襦，襦下必配裙。东汉著名训诂学家刘熹在《释名·释衣服》曾对下裙有过形象的注解："裙，下群也，连接裾幅也。"秦汉时期的裙，延续着先秦时期的造型，由于中国古代的布料门幅相较于今天要窄很多，通常需要好几幅布料拼接起来才够做一条裙子，所以古代"裙"也称作"群"。按裙幅大小可分为窄裙和宽裙。裙子的颜色通常比上衣深，以红、绿两色居多。1957年在甘肃武威磨咀子汉墓中发现了上襦以浅蓝色绢布面料制成、下裙以黄色绢布面料制成的襦裙装实物。图1-7展示的襦裙摹绘图是遵照此汉墓出土时见到的襦裙原样款式，结合汉成帝时期偏爱青绿的服饰习俗以及同时期长沙马王堆汉墓出土的不对称布料纹样，而综合还原的摹绘图。

图1-7　[汉代]襦裙实物摹绘图　|（甘肃武威磨咀子汉墓出土）

三、魏晋南北朝服饰

魏晋南北朝是中国历史上自战国以来又一个战乱频繁、时局动荡的时代。随着两汉以来旧的经济制度的解体，思想文化也发生了巨大转变，来自北方游牧民族和西域地区的异质文化与汉族文化的相互碰撞与影响，使中国服饰文化进入了一个发展的新时期。这一时期人们追求清新、玄远、自然的审美风尚，追求风流洒脱、超然物外的理想人格，追求时新脱俗、款式多样的奇装异服。

（一）男子服饰的风雅潇洒

这个时期是中国服饰史上男子士儒最为风雅潇洒的一个时期，文人士贤对褒衣博带式的服饰极为青睐，并借此显扬他们自由、不拘礼法、放荡不羁、超越世俗的情怀，成为上至王公贵族下至平民百姓的流行服饰。《晋书·五行志》说："晋末皆冠小而衣裳博大，风流相仿，舆台成俗。"《颜氏家训》里面也有"梁世士大夫，皆尚褒衣博带，大冠高履"的记载。与秦汉时代的袍有着显著的不同，袖袂舍了"祛"而变成了敞袖式。衫又分为单衫和夹衫，面料以纱、绢、布等为主，颜色尚白，一反秦汉常规，甚至婚礼也服用白色。

男子服饰流行高冠博带，着飘逸的大袖衫，袒胸露臂，求轻松、自然、随意之感。魏晋名士竹林七贤，穿着宽大袖衫，衫领敞开，或袒露胸怀，或赤脚散发，或裹着幅巾，极其风雅潇洒（图1–8）。除大袖衫以外，男子服饰主要也着袍、襦衫、袴褶等。

图1–8　[魏晋] 敞襟大袖衫的男子形象　|（唐代孙位《高逸图》中竹林七贤局部，上海博物馆藏）

（二）女子服饰的优雅飘逸

女子服饰则长裙曳地，大袖翩翩，饰带层层叠叠，表现出优雅和飘逸的风格，在承继汉制并吸收少数民族服式的基础上有所发展。常服多以衫、袄、襦、裙为主，风格有窄瘦与宽博之别，呈上敛下舒式，衣袖肥大而衣身较紧，显得更为得体。如南梁庾肩吾《南苑看人还诗》云："细腰宜窄衣，长衩巧挟鬟。"吴均《与柳恽相赠答》诗"纤腰曳广袖，半额画长蛾"。下裙多为时兴的褶裙，长可及地，裙摆摇曳而舒展，从而体现出女性特有的绰约风姿。比如何思澄《南苑逢美人》中有"风卷蒲萄带，日照石榴裙"和萧纲《和湘东王名士悦倾城》"履高疑上砌，裾开特畏风。衫轻见跳脱"的诗句，生动地描写出了当时女子身着衫、襦、裙、袄等服装时的美妙姿态。

重视修饰，审美标准由质朴转向富丽，是这个时代重要的表现，加上丰盛的首饰，反映出奢华糜丽之风。女子服式风格，有窄瘦与宽博之别，东晋画家顾恺之的名作《女史箴图》（图1–9）中可以清晰地看到宫廷贵族女子穿着上俭下丰的襦裙。

图1–9　[魏晋] 上俭下丰的女子形象　|（东晋顾恺之《女史箴图》，大英博物馆藏）

（三）巾、帽及木屐的流行

民间头部服饰品主要有头巾和风帽。从文人儒生到普通男子都穿戴头巾，主要有诸葛巾、角巾、林宗巾、漉酒巾等；风帽也很常用，庶民男子多戴乌帽。妇女扎头巾，头发梳成各种式样的发髻。

屐是一种木底鞋，故称木屐，具备防滑、防水、清凉、增高等穿着性能，且材料易得，制法简单，坚固耐用。木屐历史悠久，在远古时期及封建社会早期、中期应用十分广泛，尤其魏晋南北朝时期是其发展、成熟及创新的黄金时期，木屐的广泛流行不仅体现在其品种与功能的多样性，更体现在其与服散风尚、任诞毁礼、登山玄游、旷达雅量等社会风尚有着密不可分的关系。[1]

四、隋唐五代十国服饰

隋文帝统一南北朝，建立了多民族的中央集权制国家，其“休养生息”政策为唐的兴盛奠定了基础。唐朝作为中国封建文化的一个顶峰，国力强盛，社会风俗逐渐趋于奢华，随着服饰制度的进一步完备，服式、服色、妆容都呈现出多姿多彩的趋势。

（一）男子尚圆领袍衫

这一时期的男装基本以袍服为主。但魏晋南北朝时期的“袴褶”在这一时期仍然流行，成为朝堂上的朝服之制，平民百姓不能随便穿用。至隋炀帝巡游时，诏百官从行皆服袴褶，“士庶服之，百官服之，天子亦服之”[2]。开元以来统治者多次令百官朝见穿着袴褶，如不服者，令御史弹劾定罪。《唐会要》：“冬至大礼，朝参并六品清官，服朱衣，以下通服袴褶”，可见当时袴褶已成为官吏之服。而隋唐几百年间男子多着圆领窄袖袍衫（图1-10），也有翻折领，或胯骨以下有开衩的“缺胯袍”，头扎幞头，腰间配革带，以为时尚。

图1-10　[隋代]圆领袍　|（笔者拍摄，中国丝绸博物馆藏）

---

❶ 牛犁，崔艺.魏晋南北朝时期的木屐流行与社会风尚[J].装饰,2021(4):128-129.
❷ 王国维.观堂集林·胡服考[M].北京:中华书局,1959:531-544.

（二）女子尚高腰襦裙

这个时期女装尤其丰富多彩，多穿衫、帔、半臂、裙等。唐代的裙子由几片布拼接在一起，束至胸部以上，裙身织绣纹样，称为高腰襦裙（图1-11）。其中，袒领更是中国历代女子服饰中所绝无仅有，其女性性感和体态丰腴的审美形态在我国礼教文化的视野中可谓“昙花一现”。

唐代还流行一种条纹裙，条纹早期较宽晚期较窄；衫，比襦长一些，普通妇女为劳作方便常着窄袖衫；帔，似一条长围巾，披在女子的肩上，绕之于臂，使女子更显柔美、飘逸，在女装中的使用很广泛，是唐代各类壁画中较为常见的女性形象；半臂，是一种短袖的外衣，在唐前期比较流行（图1-12）。图1-13所示为陕西乾县永泰公主墓出土的壁画，

图1-11 [唐代]高腰襦裙女子形象
（唐代周昉《内人双陆图》，美国弗利尔美术馆藏）

图1-12 [唐代]半臂
（日本正仓院藏）

图1-13 [初唐]半壁帔帛女子形象 |（陕西乾县永泰公主墓出土的壁画）

清晰可见初唐妇女高腰襦裙外搭半臂或帔帛的穿法。这种新衣在唐初具有普遍性，开元时期到天宝时期仍然穿用，自元和中兴过后这种风尚变化较大，而后开始逐渐减少。

此外，唐时期民间女子喜着胡服，女着男装的情况也不少见。

（三）缠足风俗滥觞

五代十国是中国历史上的一段大分裂时期，自唐朝灭亡始，至宋朝建立为止。在服饰上，一方面沿袭了唐代的穿搭风尚，延续着唐代社会的遗风；另一方面，由于分裂时期的“末世情结”，社会上下充满着愁苦与感伤等情感意绪，同时宣泄着及时行乐的一时满足感。这种独特的社会风尚表现在足服上，即是汉族女性缠足、着小脚鞋习俗的滥觞。汉族女性的缠足起源有众多说法，目前最为普遍的一种说法即是缠足始于五代之说[1]。相传南唐后主李煜的宫廷里有一位舞女，名叫窅娘。窅娘美丽多才，能歌善舞，时长以帛缠足，使脚纤小屈上作新月状，穿上素袜，装饰以珠宝绸带缨络，在高六尺的金莲花台上翩翩起舞，博得李后主的欢心。窅娘曼妙的舞姿及别致的缠足行为一时成为王公贵族女性争相模仿的对象，逐渐流行开来。

五、宋代服饰

唐代文化是一种开放的类型，但宋代文化则是一种相对收敛的类型。著名史学家陈寅恪称：“华夏民族之文化，历数千载之演进，造极于赵宋之世。”宋代完成了儒学复兴，传统经学进入了“宋学”的新阶段，产生了新儒学即理学。理学的建立促进了儒、道、佛三家相互交汇的深入发展，并促成了古文运动的推行。在唐宋散文八大家中，宋人占了六家，词达到全盛。宋代理学“存天理，灭人欲”反映在服饰上则是对简朴的推崇及对奢华的打压，宋代服饰的风格比较保守内敛，服制等级明确。

（一）服饰开始拘谨保守

宋代服饰有直裰、袍、襦、衫、褐衣、袄、褙子、半臂、裹肚、裙、裤等样式。宋代女子礼服是大袖衫、长裙、披帛的搭配（图1-14），乃晚唐五代遗留下来的服式，在北宋年间依然流行，多为贵族妇女所穿，普通妇女不能穿着。穿着这种礼服，必须配以华丽精致的首饰，其中包括发饰、面饰、耳饰、颈饰和胸饰等，宋朝时这种礼衣逐渐较少穿用，女性多穿窄袖衫外套长褙子兼作礼服。

由于宋代强调“存天理，灭人欲”的观念，对妇女的约束也推到了极点，所以宋代女

---

[1] 王志成，崔荣荣．民间弓鞋底的造型及功能考析[J]．艺术设计研究，2017(3):45.

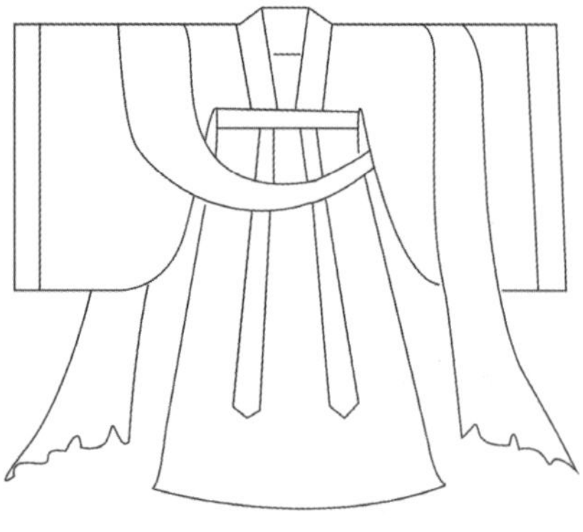

图1-14　[宋代] 女性礼服示意图

图1-15　[宋代] 淡雅褙子装的女性形象
（宋代刘宗古《瑶台步月图》）

装趋于拘谨保守，襦衣、褙子的“遮掩”功能加强。其中以褙子最具特色，对襟、两侧开衩，多罩在其他衣服外面（图1-15）。虽男女都穿，但在女服中尤为盛行，色彩淡雅恬静。

随着上襦衣袖的重新缩窄，套于上襦外的半臂又再次成为宋元时期普通妇女的常用衣裳。南宋曾三异《同话录》中记载：“近岁衣制，有一种如旋袄，长不过腰，两袖掩肘，以最厚之帛为之，仍用夹裹，或其中用绵者，以紫皂缘之，名曰貉袖。”说的正是半臂。

（二）恬静素雅的下裳

宋代裙子一改唐代雍容华贵的奢靡之风，以恬静、素雅为主基调。与唐代不同的是，裙腰位置有所下降，一般在腰节偏上。纤细修长是宋代女裙的特征，前代流行的褶裙在宋代正式发展为“百褶裙”，裙幅以多为尚，通常在六幅以上，有六幅、八幅、十二幅，中施细裥，“多如眉皱”。裙的质地喜用纱、罗、绢、绫等轻薄面料，裙面纹样喜好小碎花，体现清新素雅的审美情趣。（图1-16）

由于封建礼治的沿袭，妇女着裤不可外露需用长裙掩盖，宋朝因为家具的流行，像椅子、凳子等得以普遍使用，使人们开始脱离“席地而坐”的习俗，“垂足而坐”在人们的生活中开始普及开来，坐姿的改变，对于下裳也有了新的要求。福州黄昇墓出土合裆裤，虽仍是穿在长裙里面的裤子，但新的形制进一步提高了裤子的实用性功能。

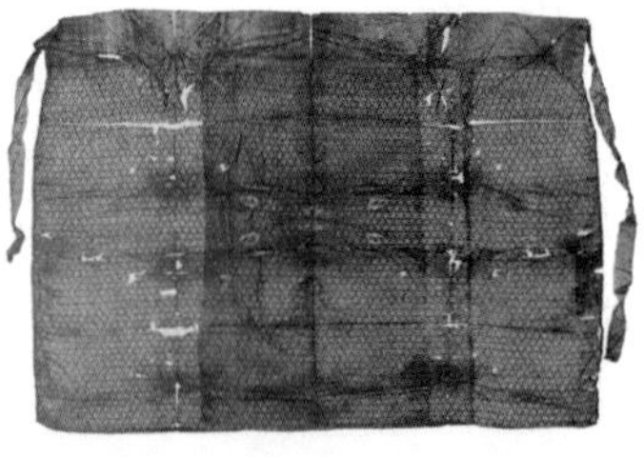

[南宋]黄褐色绢印靛蓝小点花裙 ｜（福州黄昇墓）

[南宋]绢百褶裙 ｜（福州茶园山无名夫妇墓）

[南宋]褐色如意珊瑚纹褶裥罗裙 ｜（江西德安周氏墓）

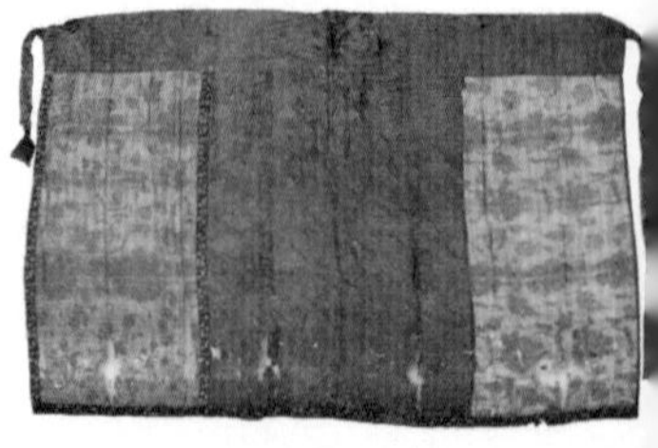

[南宋]百褶纱裙 ｜（南京花山宋墓）

图1-16　[南宋] 恬静素雅的下裳

（三）服饰品的继承与发展

宋代百姓的头部服饰品主要继承前朝，有幞头、巾等。宋代幞头主要是文武百官按服制规定的冠戴服饰；平民百姓也可戴用，但形状不同。宋代戴巾风气普遍，巾的款式多样，最流行的巾式为东坡巾（又称“乌角巾”）。

宋代女鞋延用着前代的各式鞋履，如凤头履、平头鞋、弓鞋、靸（sǎ）鞋等。随着缠足风俗的发展与普及，小脚鞋逐渐成为流行，图1-17所示的宋代罗鞋，鞋面为黄褐色四经绞素罗，鞋里衬绢，纳缝而成，鞋为尖头翘首，也称弓鞋，从鞋形可看出这是一双用于缠足的小脚鞋。不过，从这双鞋子看，当时的缠足虽然已经开始，但却没有像明清女性那样追求极致“细、小、尖”的审美形态，整个尺寸只是在缠裹后相对天然足而变小。

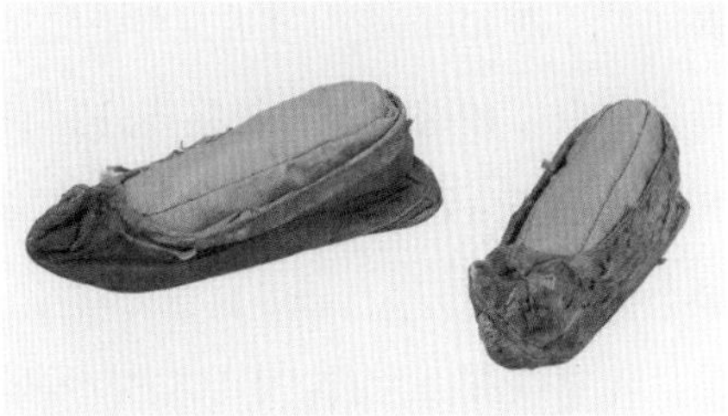

图1-17 [宋代]罗鞋
（中国丝绸博物馆藏）

六、明代服饰

公元1368年朱元璋建立明朝，对元代蒙古族的各种生活习俗加以否定，在服制上采周汉、下取唐宋，从多方面将古代中原服饰形制恢复和完善。明代纺织与手工技术达到空前的工艺水平，使服饰在材料质量、工艺技术、装饰花色等方面都有很大提高。

（一）明初服饰“复归华夏”与“简约还淳”

明朝初年对服饰做出种种规定。一方面，服装形制复归华夏传统，在改朝换代后服饰上实现了由蒙化到汉化的大转变，回归了以中原传统服饰穿着为主流的服饰风尚。以江南地区为例，史料记载当时江淮间风俗大变，胡元风习荡然无存，皆兴华夏之风气[1]。江南地区受社会主流恢复华夏之风的倡导与推动，男女服饰穿着也一改胡元的风俗习惯。

另一方面，明初服饰还呈现出简约还淳、朴实无华的风尚特征。元末高启说钱塘“民习巧侈，缠屋繁丽”，但在元明之际的战乱后发生了变化，“细民服勤所业而事居積，就实还淳，雅非旧俗”[2]，文章提到“雅非旧俗”，说明战乱后江南社会遭到破坏，加之经济萧条，使得明初江南尚雅，服饰样式特征为窄袖、短衣，衣领多为交领右衽，面料较素，服饰整体呈现简

❶ 包铭新，李甍，曹喆．中国北方古代少数民族服饰研究⑥元蒙卷[M]．上海：东华大学出版社，2013.
❷ 高启．高太史凫藻集[M]//四部丛刊初编集部・卷二送顾倅序．江南图书馆藏明正统刊本．（民国）上海商务印书馆．第21页。

约朴素的风尚。

在女子服饰方面，在元朝蒙古人和汉人女子都流行穿团衫（蒙古人称袍），再搭配半袖的上衣，到了明初这样的搭配便发生改变。江苏无锡钱氏家族周氏墓出土的永乐年间服饰，不再如元朝时穿团衫（袍），而变为穿裙，再搭配对襟袄，恢复了传统的上衣下裳式的穿衣方式，且袖子由元时的窄袖变成了宽广袖，整个袖型也趋于平直（图1–18），与元朝的大袖身、窄袖口截然不同。

图1-18 [明初] 江南服饰 |（无锡钱裕夫妇墓）

在男子服饰方面，明早期元朝的服饰习俗已经被严格的明服制度所革除。在明代画家谢环所画《杏园雅集图》中的明初官员服饰——乌纱帽、圆领袍、宽袖直身、腰部束带，其服饰样式完全符合明代的官方规定。

（二）明中后期服饰“宽衣博袖”与“繁复奢华”

随着明代经济的恢复，至明中叶逐渐突破明初的一些禁忌，明代男子多穿着贴里、直裰、罩甲、曳撒、褡护、裤、褂、衫等。贴里，是明代男性服饰的基本款式之一，通常穿于褡护之下，贴里的褶子可使袍身宽大的下摆略向外张，可作外衣穿着。图1–19为明代蓝色暗花纱贴里，直领，大襟右衽，宽袖，衣身前后襟上下分裁，腰部以下做褶，如百褶裙状[1]。图1–20为明代白色素纱褡护，直领，大襟右衽，无袖，左右两侧开衩并有双摆，形制由半臂演变而来。在明代，褡护常与乌纱帽、圆领袍、贴里、束带等服饰组成一套完整的官员常服[2]。

图1-19 [明代] 蓝色暗花纱贴里
（孔府旧藏，现藏于山东博物馆）

图1-20 [明代] 白色素纱褡护
（孔府旧藏，现藏于山东博物馆）

❶ 山东博物馆，孔子博物馆．衣冠大成：明代服饰文化展[M]．济南：山东美术出版社，2020:59.
❷ 山东博物馆，孔子博物馆．衣冠大成：明代服饰文化展[M]．济南：山东美术出版社，2020:57.

女装形制呈现“花冠裙袄，大袖圆领”的趋奢形制，成为后来传统女装的基本原型。妇女的服饰丰富多样，主要有：衫、袄（图1-21）、霞帔、褙子、比甲、裙子等，命妇等也有穿女袍（图1-22）等。其中衫是明代女性常见的上衣形态，一般款式特征为立领、圆领或者直领，斜襟居多，也有对襟于胸前系带连接，宽肥大袖，袖口略收，衣身两侧开衩，有长短衫之分，长衫盖过臀部，短衫齐腰。大袖衫（图1-23）与霞帔、凤冠、丝履组合为礼服形制。明代中叶流行穿着比甲，为无领无袖、对襟、下摆过膝。明朝末年，传统服饰审美逐渐趋向“新颖、奇异、特别”的表现风格，如男装女性化的倾向，还有女子穿用各色布料拼接而成的“水田衣”等。

图1-21　[明代] 女长袄
（孔府旧藏，现藏于山东博物馆）

图1-22　[明代] 女袍
（孔府旧藏，现藏于山东博物馆）

图1-23　[明代] 女长衫　|（孔府旧藏，现藏于山东博物馆）

（三）巾、帽流行及缠足普及

明代头饰以巾、帽为主。女性家常时喜欢将头发挽成一窝丝（圆髻），是轻松、随意的生活中发式。明代平民男子最常穿着的是一种名为“皮扎翁”的长筒式履，南方劳动者还常穿蒲鞋。至明末，缠足风俗已经蔓延至社会各阶层的女子，无论贫富贵贱，纷纷缠足，推崇至以三寸为美的审美取向，民间称缠得最小的裹足为“三寸金莲”❶，并且发明了“三寸金莲”所穿的高底弓鞋。弓鞋的纹饰也颇为讲究，年轻女子多绣牡丹等色彩鲜艳的图案，寓意富贵荣华，老年妇女则常绣蝙蝠等，寓意多福多寿。

七、清代服饰

清代历经康雍乾三朝后，经济发展鼎盛。这一时期多民族统一国家得到巩固，基本上奠定了中国版图，同时君主专制发展到顶峰。

（一）上袄下裙（裤）的富于装饰

清代女性着装沿用前朝为“上衣下裳”的形制，《六十年来妆服志》中记载：“在清初的时候，妇女所穿的衣服，与明代无甚歧异，只是后来自己渐渐变过来了。”❷如图1-24为现藏于苏格兰国立博物馆的清早期人物画像，其中男子服饰为典型的满族风格，而女性无论是衣装还是发型皆完整保留了明代女性的汉族服饰传统。

图1-24 [清早期]人物画像 |（苏格兰国立博物馆藏）

随着满汉的逐渐融合，汉族女性也对满族服饰进行了借鉴，交领逐渐改为立领或无领，形成了“上袄下裙（或裤）”的基本搭配（图1-25），上衣有袄、

❶“三寸金莲”中的“寸”是长度衡量单位。现代三寸近十厘米，但古时中国的测量单位无定制，一寸的实际长度在古时各朝代均有差异，在同一时代不同地区也有区别。所谓“三寸金莲”，更多的是一种审美性的文学表达，或文学性的审美表达，不可精求衡量。

❷ 包天笑.六十年来妆服志[J].杂志,1945.

褂（图1–26）、衫以及背心或马甲，单衣为褂、衫，有夹里的为袄；下裳有裙和裤（图1–27）之分。清代汉族上衣的样式和纹样翻新很快——基本形制为立领、大襟右衽（或对襟）、连肩袖、袖身宽大平直、下摆开衩；衣身面料为暗花绸缎，大襟至侧襟及两侧开衩处以刺绣或镶滚装饰，或是用素缎作底，上面刺绣图案，衣饰上追求镶滚工艺的装饰，袖口增大，且有许多边饰，鼎盛阶段有“十八镶十八滚”之说，无休止地追求堆砌。

图1–25　清代汉族女性服饰概貌　|（传世照片）

图1–26　［清代］石青色蝶恋花纹对襟女褂
（中国丝绸博物馆藏）

图1–27　［清代］粉色竹纹暗花绸裤
（中国丝绸博物馆藏）

（二）袍服的卓尔多姿

清代袍服远承金、元，近袭后金，又受明代袍服影响，是游牧民族与农耕民族文化上传承与发展进一步融合的产物，除圆领袍、箭袖袍的流行外，官袍在胸背部的图案花纹演变成团纹、后及方形禽兽补子更是其一大特征。因此，袍服到了清代，由于具有官阶身份的象征及织绣工艺的更加繁复精进的影响，所以迎来了袍服的鼎盛时期。

男子所着袍服的款式极为丰富，按功能分有朝袍（图1-28、图1-29）、吉服袍、常服袍、行袍；按款式分为四衩袍、开衩袍、对襟袍、缺襟袍等；按材质分为锦缎袍、纱袍、（丝）绵（夹）袍、皮袍、棉袍等；按色彩分为黄袍、明黄袍、石青色袍，民间常用蓝袍和白袍等；按装饰可以分为龙袍、蟒袍、立水袍、凤袍等。

图1-28 [清康熙] 黄缎绣彩云金龙纹镶皮边男朝袍

图1-29 [清嘉庆] 酱色缎织彩云金蟒海龙纹镶皮边女夹朝袍

其中，龙袍最具代表性。关于龙袍的解释有三：一是织绣有龙纹的袍服，中华古已有之。二是清代帝后庆典时所穿之袍。因袍上绣纹以龙为主，故名，对龙纹的使用有明确的制式。《清史稿·舆服志二》："（皇帝）龙袍，色用明黄。领、袖俱石青，片金缘。绣文金龙九。列十二章，间以五色云。领前后正龙各一，左、右及交襟处行龙各一，袖端正龙各一。下幅八宝立水，襟左右开，棉、袷、纱、裘各惟其时。"又："（皇后）龙袍之制三，皆明黄色，领袖皆石青：一，绣文金龙九，间以五色云，福寿文采惟宜。下幅八宝立水，领前后正龙各一，左右及交襟处行龙各一。袖如朝袍，裾左右开。一，绣文五爪金龙八团，两肩前后正龙各一，襟行龙四。下幅八宝立水。一，下幅不施章采。"[1]除帝、后外，其他

[1]（清）赵尔巽.清史稿·舆服志二[M].北京：中华书局，1976:3035.

官员不得穿着，若得皇帝亲赐，须在穿前挑去一爪，以示区别，经过改制后的龙袍则称蟒袍。三是太平天国高级将领所穿礼服，以龙袍加身象征政权上的权位。以黄色绸缎之下，下不开衩，袖口紧窄，不用箭袖，示与清朝龙袍有本质区别。上自天王，下至丞相，凡遇朝会，均着此。所绣龙纹亦有定制，视爵职而定。清张德坚《贼情汇纂》略称："仅黄龙袍、红袍，黄红马褂而已。其袍式如无袖盖窄袖一裹圆袍。"

（三）足服的传承与发展

满清旗人入关以后，建立形成统一的清王朝，虽然官方试图颁布条例废除汉族服制，但随后发布"十从十不从"政令。在男从女不从的影响下，汉族女性服饰及用品仍然延用了明代的形制[1]。因此，汉族民间足服并没有受到多大的影响，流行的鞋子式样仍有很多，有云头、扁头，有双梁、单梁等。后受满族妇女的花盆底鞋（即高底鞋）影响，汉族妇女一度崇尚高底，有厚底及存者，俗称"厚底鞋"。此鞋以缎、绒作面，鞋面浅而窄，鞋帮有刺绣等装饰，顶面作单梁或双梁式，后觉高底不便劳作，乃改为薄底。民间男子一般着尖头靴；按清朝的规定，只有入朝的官员才允许穿方头靴。民间男子制靴的材料有素缎和青布等；也有夹层的适用于春秋季节，也有棉靴适用于寒冬腊月，随季节的变化而更换；除此之外，民间劳动者也有穿草鞋和棕鞋的；在南方，穿木屐的现象较为普遍，沪地还有一种画屐，即在木屐上画些装饰纹样。

八、中华民国服饰

1911年的辛亥革命废除了数千年的封建帝制，建立民国政权后，在服饰上实行了剪辫发，易服色，学西洋，在中国服装史上是一次重大变革。民国服饰总体特征为中西结合与存续承扬并存的态势，汉族民间服饰呈现出一个全新的状态。

（一）传统服饰的遗风

1912年（民国元年）《服制》颁布了两种女性服装的法定类型："上衣下裙，上身用直领、对襟，左右及后下端开衩、常与膝齐的上衣，周身得加以锦绣。下身着裙，前后中幅平，左右打裥，上缘两端用带。"可见，当时女性服饰主流仍然延续"上衣下裳"的传统搭配形式。同样，民国初期出版的《墨润堂改良本》画谱中的女性袄、袍、裙的结构图也验证了当时女性服饰仍然是延续传统的形制（图1-30、图1-31）。

关于民国时期汉族女装延续传统旧制的记载屡见不鲜，民间各地方志也多有记载，如

---

[1] 崔荣荣，牛犁．清代汉族服饰变革与社会变迁（1616～1840年）[J]．艺术设计研究，2015(1):49.

图1-30 [清末期] 李鸿章夫人服饰形象
（传世照片）

图1-31 [清末期] 汉族民间女子“上衣下裳”典型搭配

1941年《潍县志稿》记载：“妇女多服旧式衣裳。”同年《磁县县志》记载：“昔时男女制衣多用粗布，靛染蓝色。女子皆穿短衣，一裤一衫，冬则袄外尚套一单褂。富者探亲戚时，下更加扎裙子。虽扎短衣，务求宽大肥裕。男女贫者，只著短衣，富者除短衣外，夏有大衫，冬又有大袍、马褂。昔亦全为蓝色，近则夏多白色，冬多青色。”这些地方志从服装式样、服饰面料、色彩等全方面阐释了当时汉族女性在服装上的传统造型，可见在民间仍延用之前的主流形式。

长袍（图1-32）马褂原本是清代满族男子的日常着装，早在全国普及。到民国初年，长袍马褂则作为“常礼服”被保留下来，可见在当时长袍马褂仍是男子重要的服饰，也是民国政府认定的唯一礼服形式。民国时期汉族民间男子着装变化明显，民国《翼城县志》记载：“时至今日，衣服由长身而变为短身，自窄袖而变为宽短之袖，裤腿亦短而宽。”[1]这一时期可谓是古往今来男装的重大变革。总体而言，男子主服主要有延续传统的长袍、马褂、马甲等。

图1-32 [清末期] 男性长袍

---

[1] 翼城县志[M].民国十八年铅印本.

民国服饰延续旧制现象，说明我国儒家礼教思想对传统服装文化的影响是深远和全面的，它造就了我国服装造型上的平面意识形态，服饰风格追求线条婉约、柔和，崇尚舒适、自然、和谐之美，注重细节与装饰技艺的运用，重视内在的身体感觉与二维平面的服装视觉相统一。因此从形式上看，“上衣下裳”和“上下连属”袍服等传统服饰的延续与发展是对传统文化的继承，诠释了中华服饰含蓄、和谐的审美情趣。

（二）“文明新装”

民国时期女子服饰外观相较之前的变化主要向紧窄、短小发展（图1-33、图1-34），相应的服装装饰也减少。随后，女装过渡形制——“文明新装”应运而生。先进的知识女性等上衣着“倒大袖”（图1-35），下裳着素黑色筒裙（图1-36），较之清时期的女子服饰，不仅服装件数变少，穿着简便，而且外观简洁。女子对于服饰的审美关注点，开始由展现服饰的华丽转变为服饰装饰女子形体的优美。

图1-33 ［民国］窄衣化特征的女褂

图1-34 ［民国］女性窄衣化服饰风尚
（传世照片）

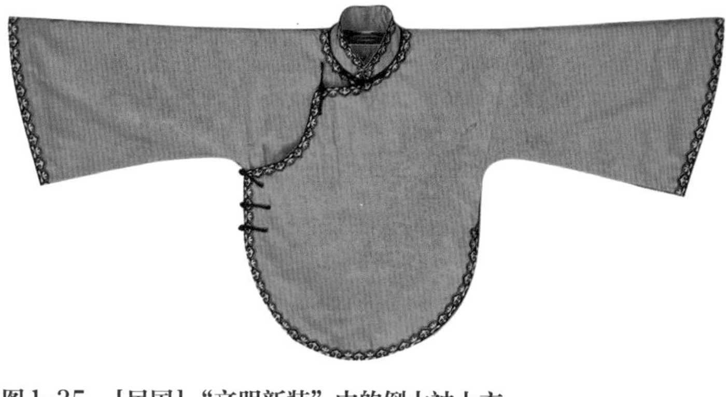

图1-35 ［民国］“文明新装”中的倒大袖上衣

图1-36 ［民国］“文明新装”中的筒裙

“文明新装”由倒大袖上衣及筒裙构成。倒大袖上衣以其喇叭形衣袖和窄小的衣身构成了其独特的服装造型。20世纪20年代初期，倒大袖上衣搭配长裙是当时女性主流的穿衣风格样式，率先穿着该服装风格的是当时在日本留学的中国女学生，她们衣着高立领袄衫搭配黑色长裙，无繁复的纹绣与装饰，素雅且端庄。此后以女学生为主要代表的知识女性开始纷纷效仿此类穿衣风格，这种风格与孙中山先生提出的“适于卫生，便于行动，实于经济，壮于观瞻”的服饰改革原则相符合，宋庆龄、陈洁如等也极为推崇和提倡这种服装，众多场合都穿着“倒大袖”风格服装，在当时可谓是举国崇尚。

（三）旗袍

“文明新装”过后，旗袍隆重登场。旗袍为满清袍服的变相，经过设计改良成为民国女性通常服式，因其裁剪得宜，长短适度，简洁轻便，大方美观，一经发明便迅速俘获女性的芳心，经民国三十余年发展变迁，已成为中国女性的代表性服饰之一，被誉为中国国粹和女性国服，广泛受到人们关注。[1]

旗袍在流行之初本是冬季才穿的御寒衣物，后来“就应用到春令，更从春令到夏令，再从夏令到秋令，而还到冬令，遂为一年四季可以穿着的一件普通的女子衣服。”[2]同时，旗袍流行的规律潜藏在极速推陈出新的艺术创作中。1928年“旗袍盛行于春申江畔，还不过是三四年间的事，可是虽然只有这仅仅的四年，而旗袍的变化百出，日新月异，也就足以令人闻而骇异了……她们极迅速地翻来覆去，只是在滚边、花边、宕条、珠边等上面用工夫，简直把人弄得眼花缭乱……不过这一种样子虽然正在流行，姐妹们做得起劲，穿得起劲，认为最时髦的当儿，而另外一种样子的旗袍，亦已经酝酿多日”。[3]1933年，上海旗袍的流行更是“时时刻刻跑在时代的前面，有时连时代都赶不上她。两截衣服被打倒了，立刻来短旗袍，一下短旗袍被打倒了而变成长旗袍，镶边呀、花钮呀，正在够味的时代，又有人出来揭竿喊打倒了……上海女人的衣服一天天在越奇幻，越普遍，越疯狂”。[4]倒大袖旗袍（图1-37）、双襟旗袍（图1-38）等娉娉婷婷、窈窕轻俏的各式旗袍接连创新，可见民国女性服装的革新和创作力之大。

---

❶ 王志成，崔荣荣，梁惠娥．接受美学视角下民国旗袍流行的细节、规律及意义[J]．武汉纺织大学学报，2020(6):54.
❷ 亢怀皋．十五年来妇女旗袍的演变[J]．家庭星期，1936(1):7.
❸ 佚名．旗袍的美[J]．国货评论刊，1928(1):2-4.
❹ 凤兮．跑在时代前面的旗袍[J]．女声，1933(22):13.

图1-37 [民国] 倒大袖旗袍

图1-38 [民国] 无袖双襟旗袍

（四）女鞋的西式时尚

西式女鞋是搭配“文明新装”及旗袍等传统改良服饰的主要鞋型。民初伊始，上海等都市快速接收西洋文化，妇女足服日趋西化，为了搭配西式服装或新式旗袍等新型服饰，人们逐渐流行穿西式皮鞋、皮靴和高跟皮鞋等（图1-39）。民国中后期，女式皮鞋面料又相继流行金皮、银皮、京羊皮、漆皮、麂皮等，鞋上常缀有以镶嵌、编结等手法制成的皮结、水钻、小铃等饰件，更显得华丽时尚。如图1-40为民国后期的一双拖鞋，鞋面以亮珠绣成精美的装饰纹样，鞋底是纯羊皮材质，制作十分精良，整体风格华丽贵气，民国时期都市的西式女鞋之精美可见一斑。

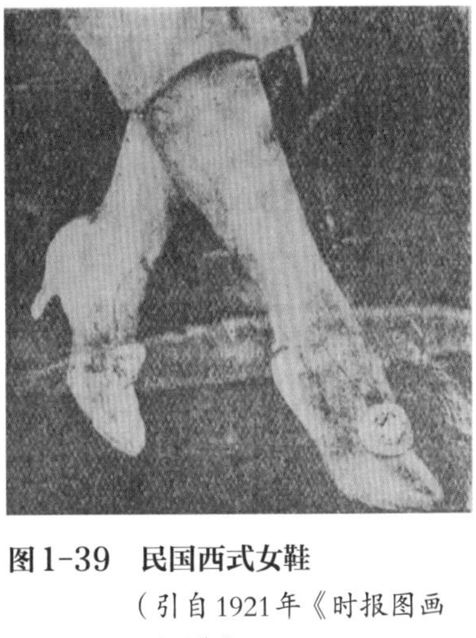

图1-39 民国西式女鞋
（引自1921年《时报图画周刊》）

图1-40　民国珠绣女皮拖鞋

课后思考练习

1.分析各朝代的服装在形制上有哪些特征?

2.思考唐宋两代女性服饰风格之间的差异性及其产生的原因。

3.明代在传统服饰演变上具有举足轻重的意义，请举例说明。

4.民国时期旗袍的发展经历了不同阶段，在款式上分别有哪些变化?

第二节　传统服饰文化的融合与传承

学习目的和能力要求:

中华文化是多民族文化的融合体，服饰作为中华民族特有的视觉符号，能体现出本民族的文化特色，反映出各民族之间的文化交流，这些相互交融形成了特有的服饰风格。从中国具有代表性的几次民族融合中，了解中国传统服饰在融合中所展现的个性和形成的风格特点。

学习重点和难点:

了解在历朝历代的不同社会背景下，重大事件对于服饰文化发展的影响。

两千多年以来，丰富多姿而又连续发展的传统服饰文化不仅包含了各族人民的智慧结晶，同时也不断融合了各民族服饰的艺术特色和文化精髓。总的来说，传统服饰文化的融合主要有汉民族和少数民族之间的文化借鉴，当政少数民族与汉民族之间相互的服饰影响，南北、东西不同地域之间的服饰文化交流，以及中外服饰文化的融合发展等。民族融合本身是一个长期发展且连续不间断的历史过程，其中具有代表性的服饰融合发展主要发生在以下几个历史时期。

一、春秋战国时期的“胡服骑射”

春秋战国时期是我国社会的大变革时代，各诸侯国的分裂割据，不同地理环境、生活习惯的差异，以及文化思想上“百花齐放，百家争鸣”的影响，不同地域的民间服饰有很大不同，可谓“七国异服”——齐人举国衣紫；楚人高冠珠履；秦将红巾包头；燕国毡裘绝伦。

赵国在与周边少数民族及其他诸国军事争霸中屡屡失利，赵国君主赵武灵王为适应军事发展的需要，抵御周边少数民族的入侵并赢得霸权，自上而下掀起了一场服饰改革运动，史称“胡服骑射”。“胡服骑射”包含“胡服”和“骑射”两部分，为顺应兵种和战争的需要，效仿胡人窄衣短袖、长裤革靴的服装形式，改下裳而着裤，代替不利于骑兵作战的裳袍服装形式（图1-41）。胡服骑射使赵国在军事战争中取得一系列胜利，改变了赵国长期被动挨打的局面。这次服饰改革是少数民族服装借助军服进入中原的事件，促进了中原民族与周边少数民族之间的服饰借鉴，增强了中原民族与周边少数民族的文化交流，为民族大融合和国家统一奠定了基础。

图1-41　赵武灵王“胡服骑射”插图（引自清代乾隆年间成书的《东周列国志》，明末冯梦龙著，清代蔡元放改编）

二、魏晋南北朝时期的“南北融合”

魏晋南北朝长期处于多国并存的时代，是我国古代政权更替最为频繁的时期，各民族之间的经济文化交流不断，民族融合增强。初期各族服装沿用旧制，后期因相互接触而渐趋融合。正如东晋葛洪《抱朴子·讥惑》记载：“丧乱以来，事物屡变，冠履衣服，袖袂财

（裁）制，日月改易，无复一定，乍长乍短，一广一狭，忽高忽卑，或粗或细，所饰无常，以同为快。”

魏晋南北朝时期服装呈现明显的差异性，表现两方面特征：一是传统服装，承袭秦汉之制；一是少数民族服装，袭北方之俗。[1]北方处于游牧民族统治之下，随着民族融合的加强，胡服对中原汉族的影响日益增强，穿胡服成为一种社会风尚，源自于北方民族的裤褶和裲裆（图1-42）在中原地区流行一时。由于南方政权长期处于汉族统治者手中，胡服在南方并没有广为流行，汉族服饰在南方得以继承发扬。传统汉族服装历来讲究褒衣博带，加之南方气候湿润，并且这一时期受魏晋玄学的影响，文人追求自由飘逸、潇洒脱俗的境界（图1-43）。这一时期的南方服装衣服宽博，褒衣博带，有意仿古。由于统治阶级的提倡，穿戴宽大侈丽之服在南朝成为一种风尚，正如颜之推所言“梁世士大夫，皆尚褒衣博带，大冠高履，出则车舆，入则扶持，城郭之内，无乘马者”[2]。这种宽衣大袖的服装，侧面反映出南方汉族统治者偏安一隅的安逸心理[3]。

图1-42　[北魏]穿裲裆的武士

图1-43　[魏晋]宽衣博带的男子
（顾恺之《列女图》局部）

❶ 袁仄.中国服装史[M].北京:中国纺织出版社,2005:31.
❷ 李昉.太平御览[M].北京:中华书局,1960:3112.
❸ 崔荣荣,宋春会,牛犁.传统汉族服饰的历史变革与文化阐释[J].服装学报,2017,2(6):532.

三、唐宋元时期的“各族融合”

唐朝是中国历史上的黄金时代，是当时的世界强国之一。这一时期国家安定，政治清明，南北文化不断交流融合，东西贸易交通发达，异国的礼俗、服装等在中原屡见不鲜，服装的整体趋势由简单变得混杂，服装风格变得兼收并蓄，追求高贵奢华。

唐朝时期社会风气开放，穿胡服现象十分普遍，鲁迅先生指出：“古人告诉我们唐如何盛，明如何佳，其实唐室大有胡气。”[1]唐代长安城是当时世界上规模最大、建筑最宏伟、布局最为规范化的一座都城，对周边诸国有较强的吸引力，外来人口较多。据《唐六典》记载，8世纪时长安近百万人口中，各国侨民和外籍居民约占5%，可见长安是当时名副其实的国际化大都市。唐德宗贞元14年下诏“番客至京，各服本国之服”[2]。

唐朝时期中外贸易发达，丝绸之路使得长安地区“胡商”汇集，“胡酒”“胡妆”“胡姬”“胡乐”“胡服”盛极一时，穿胡服，戴胡帽成为社会风尚（图1-44、图1-45）。北宋科学家沈括在他所著的《梦溪笔谈》一书中对胡装有比较具体的描述：“中国衣冠自北齐以

图1-44 [唐代]男子着胡服
（笔者拍摄于南京博物院）

图1-45 [唐代]着胡服女陶舞俑
（笔者拍摄于南京博物院）

❶ 鲁迅.鲁迅全集[M].北京：人民文学出版社,1982:184.
❷ 涂红燕,李克兢.时尚“唐装”之研究[J].中原工学院学报,2002(3):19-21.

来，乃全用胡服，窄袖、绯绿、短衣、长靿靴，有蹀躞带，皆胡服也。”❶流行的胡服有“圆领袍衫”“半臂”“胡帽”“幂篱”“帷帽”等。胡服是唐朝时期普遍穿着的服饰之一，除胡服外，唐朝“女着男装”的现象也十分普遍，形成了唐朝时期丰富多彩的服饰文化。

宋元时期是我国古代又一次民族大融合的高峰时期，其中元朝更为突出。由于元朝为蒙古族执政的统一王朝，虽然元朝实行民族分化政策，但民族融合仍为实际需要和历史趋势。宋元时期大量的少数民族融于汉民族，如契丹人在南宋时大批进入中原，至元代中叶已被元朝政府视同于汉人；还有女真人内迁，与汉人错杂而居，互通婚姻。汉化的少数民族，民族特色已逐渐丧失，改用汉姓，提倡儒学，其服饰文化也逐渐融入汉民族文化之中。

其中最具代表性和影响力的服饰当属辫线袄，《元史·舆服志》记载：“辫线袄，制如窄袖衫，腰作辫线细褶。”❷辫线袄的形制特征为窄袖束腰，上下分裁，腰部有密密麻麻的细褶，腰部以上缀有辫线（图1-46~图1-48）。辫线袄成为后世明代褶子衣、曳撒等男服的重要雏形，是民族融合与服饰交流的直接见证。

图1-46 [元代]着辫线袄的男子形象 |（元代《醉归乐舞图》，陕西省考古研究所藏）

❶ 沈括.梦溪笔谈[M].胡道静,校注.北京:中华书局,1957:23.
❷ 宋濂.元史[M].北京:中华书局,1976:1941.

图1-47 [元代] 辫线袄实物
（笔者拍摄于中国丝绸博物馆）

图1-48 [元代] 腰线袍
（中国丝绸博物馆藏）

四、清代的“汉从满制”与“满汉融合”

清王朝为了在思想和形式上更好地完成统一，清初政府实行民族间的服制折中政策——“剃发易服”与“十从十不从”：男从女不从、生从死不从、阳从阴不从、官从隶不从、老从少不从、儒从而释道不从、娼从而优伶不从、仕宦从婚姻不从、国号从官号不从、役税从文字语言不从。清代服饰因而促成了独具满汉交融风格的双轨形式，汉族男子穿满装，汉族女子及儿童等的服装基本保留了明末的形制，在服饰风格上既体现出清政府的服制方针又体现了汉族人民的穿着习惯和亡国之思。基于此，满汉服饰既各自有本民族特色，又互相融合，在社会生活中呈现出服饰风俗与样式的多变，如图1-49为现代画家王弘力表现民风的《古代

图1-49 [清代] 男子服饰 | （王弘力《古代风俗百图》）

风俗百图》上所绘的清朝男子大多剃发并穿着长袍马褂的服装样式。随着民族文化的共同发展和不断交流，清代中后期汉民族服装也受到满族服饰风格影响而有所变化，特别在服装制作和装饰工艺技术细节上，满汉之间相互交融，服装装饰艺术逐渐走向繁复和精致，奠定了1840年以前我国汉族服饰的社会、生活与习俗等方面多元与融合的特征。此外，在纺织品日益昂贵和奢华的同时以从事纺织业为主的家庭女性的地位也得到了前所未有的提升❶。

五、中华民国时期的“传统回归”与“中西融合”

民国时期政局动荡，中外各种社会文化思潮交织碰撞，影响到我国社会生活的方方面面。人们的穿着习俗也在发生着剧烈变化，经历了从传统到现代，从复古到创新的多元化风格，在承续传统“上衣下裳”的服装基本搭配样式上，再生出民族化符号性质的新服饰形态——中山装、“文明新装”与旗袍等，服饰风俗上“除旧纳新”，风格上呈现出“中西混搭”的新风尚。民国服饰在多元思潮影响下，特别是传统文化的回归与西风东渐的双重浸染，塑造出被广泛认可的服饰审美风尚，具有鲜明的服饰文化的民族符号意义❷。

民国时期人们的着装受社会主流恢复华夏传统文化思想的积极提倡与推动，一定程度上也与当时爱国主义富民强国的政治主张相联系，从而使当时的服制改革上升为国家政治层面的行为，具有广泛的社会意义。人们在服饰风格上也很大程度地保留着传统的服饰搭配及文化（图1-50、图1-51），甚至在某些地区的服饰形制并没有因为政治变革而发生改变。《莱阳县志》

图1-50 [清末民初]穿“上衣下裳”的女性
（南京总统府藏）

图1-51 [清末民初]穿“上衣下裤”的女性
（传世老照片）

❶ 崔荣荣，牛犁．清代汉族服饰变革与社会变迁(1616~1840年)[J].艺术设计研究,2015(1):49.
❷ 崔荣荣，牛犁．民国汉族女装的嬗变与社会变迁[J].学术交流,2015(12):214.

（民国二十四年铅印本）记载当时服饰“男女常服与昔尚无大差异，惟袜多机织，鞋多梁”。❶

20世纪20年代是中国服饰继承与创新的过渡阶段，服装造型变化急剧且富有革新性，新旧的融合使该时期服饰呈现出一番新风尚。民国时期宽松的社会环境带动了女性服装风格的转化，服饰在时代的潮流下逐步革新。在旗袍出现及广泛流行之前，由“倒大袖”上衣及筒裙构成的“文明新装”是民国女性的流行着装（图1-52、图1-53），虽然流行的深度及广度赶不上后起的旗袍，但是从设计及时尚的层面其具有重要的过渡价值。

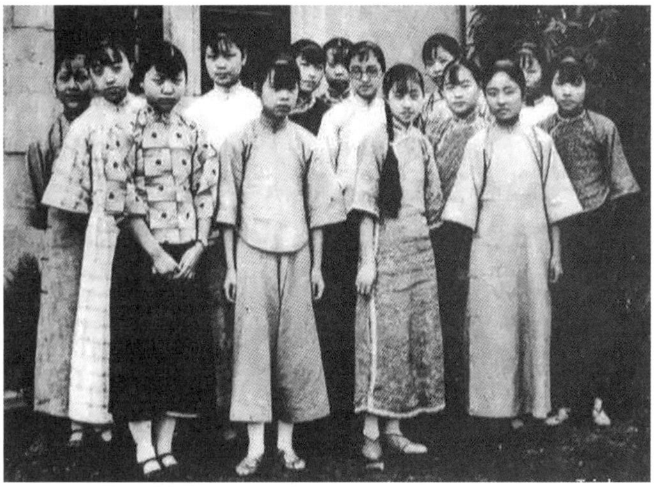

图1-52 [民国]穿“文明新装”的女性 |（选自《妇女时报》）

图1-53 [民国]女童着“文明新装”
（选自袁仄、胡月著《百年衣裳》）

因此，民国时期是一段传统与开放、复古与时尚并存的历史时期。在那个不稳定的政治和社会背景下，开放所引进的外来文化对我国传统文化的冲击，促使中国传统文化和西方文化激烈碰撞又互相交融，对中国不同文化区域的服饰产生了不同层次的影响，有吸收、有利用、有拒绝，形式异彩纷呈，给我国传统服饰以及审美观带来了不同深度的变化，整体呈现“新旧并行、中西交融、多元发展”的社会风尚特征。主要表现为西式服装逐渐进入，而中式服装也并未退出，出现了一系列传统服饰改良设计（图1-54），如“上衣下裙”“文明新装”、旗袍（图1-55、图1-56）、西式连衣裙（图1-57）、高跟鞋等并行的现象。其中具有创新意义的“文明新装”和旗袍具有重要的民族符号特征，而具有典型的中西服饰文化交流特征的则是“中西混合”的搭配风格（图1-58~图1-60）。当时上海、青岛、天津等沿海地区的服饰，因最先接受西方近现代的科学理念和文化、艺术的熏陶，成

---

❶ 莱阳县志[M].民国二十四年铅印本.

为中西服饰杂糅现象的典型例证。至1949年中华人民共和国成立之后，服饰上出现了本质的变革，传统服饰基本被废弃。

图1-54 [民国]“中西合璧”的女褂改良设计

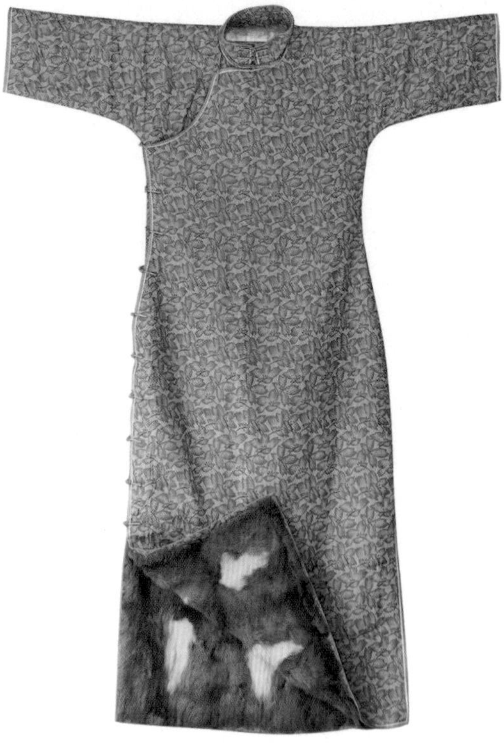

图1-55 [民国]裘毛短袖旗袍

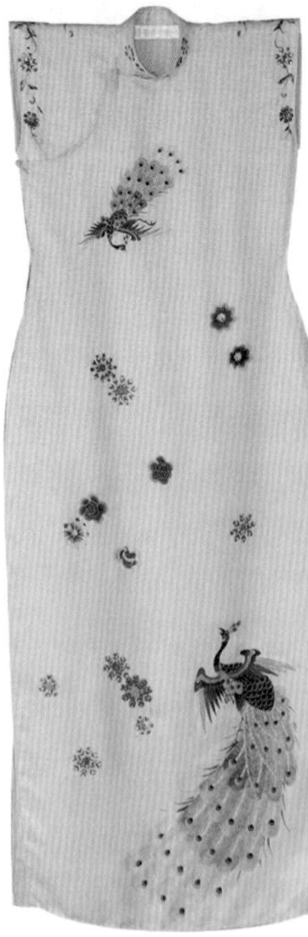

图1-56 [民国]无袖刺绣旗袍

图1-57 [民国]西式时尚连衣裙
（选自《良友》）

图1-58 [民国]旗袍与西服、高跟皮鞋的混搭风格
（选自《民众生活》）

图1-59 民国结婚照中的旗袍与婚纱、西服等混搭
（选自《妇女杂志》）

图1-60 民国结婚照中长袍马褂与婚纱混搭
（选自《良友》）

课后思考练习

1.分析胡服骑射产生的社会背景，以及赵武灵王服饰改制的文化依据。

2.简述清代女子服装的种类和特点，分析满汉两族妇女服饰之间的共性与个性。

3.简述中山装的特点和影响，从它的创制中，你怎样理解民族服饰的发展。

4.中西文化融合在改良旗袍上的具体表现？

5.从中国服饰文化的融合发展中，你是怎样理解服饰发展与社会变化之间的关系的？如何正确处理服饰变革中传统与创新、民族与时代的关系？

本讲拓展阅读书目

[1]张竞琼,李敏.中国服装史.上海:东华大学出版社,2018.

[2]王春晓,郭铁军.衣观传统.北京:中国纺织出版社,2018.

[3]华梅.中国服装史(2018版).北京:中国纺织出版社,2018.

[4]张志春.中国服饰文化(第3版).北京:中国纺织出版社,2017.

[5]孙机.华夏衣冠:中国古代服饰文化.上海:上海古籍出版社,2016.

[6]黄能馥,陈娟娟,黄钢.服饰中华:中华服饰七千年(第3卷).北京:清华大学出版社,2011.

[7]李薇.中国传统服饰图鉴.北京:东方出版社,2010.

[8]高丰.中国设计史.杭州:中国美术学院出版社,2008.

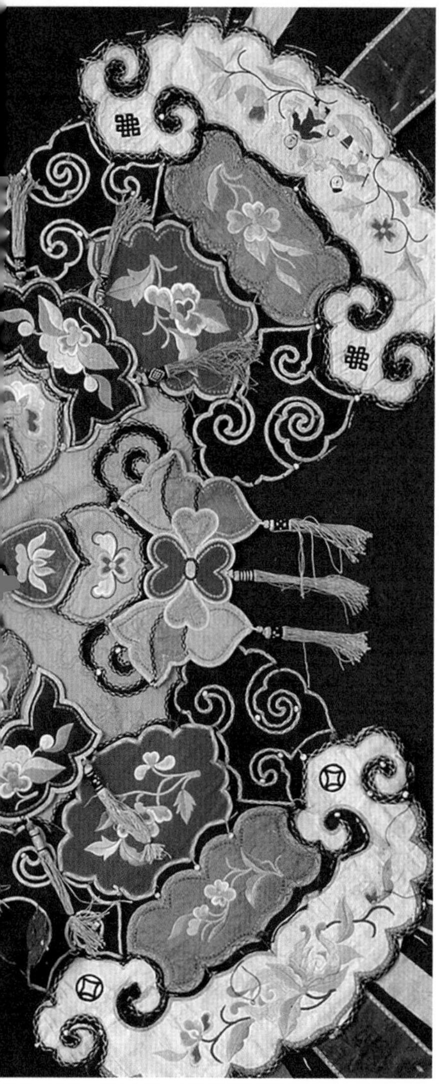

第二讲

传统服饰文化的基因提取

针对文化的定义，费孝通先生曾精辟地指其三个表现层次，即器物层次、组织层次和价值观念层次，其中第一个层次是物质层面的，第二、第三个层次是非物质层面的。从这个角度看，中华传统服饰文化的体系构成作为一种文化表现，是物质文化与非物质文化的集合。

第一节　传统服饰中的物质文化基因

学习目的和能力要求：

中华传统服饰文化的体系构成作为一种文化表现，是物质文化与非物质文化的集合。通过传统服饰中的结构基因、纹饰基因、色彩基因这三方面物质文化基因，结合实物进行具体的分析阐述，使学生了解物质文化基因在传统服饰设计中的重要地位，进而提升传承传统服饰的新理念。

学习重点和难点：

掌握物质文化基因中结构、纹饰、色彩基因的设计要点，以及各个基因下的构成要素，并将其运用到当下时尚服饰设计中。

服饰作为包裹和遮蔽、保护和装饰身体各部位，如胯部、胸部、腹部、头部、颈部、腰部、手臂、足部等的基本物质形态，在原材料上表现为皮、毛、丝、麻、棉等，并通过制作形成袍服、上衣下裳、足服等“服”和“饰”的多种形制。

一、传统服饰的结构基因

结构，是组成器物整体的各局部之间的统筹与搭配，具有一定的稳定性、秩序性以及其他形式特征。服饰结构设计作为服装工程学下的一个分支，是以服饰的平面展开形式即服装结构制图（纸样），来解释和阐述服饰与人体各部位相互关系的研究方向。中华传统服饰从诞生伊始，历经数千年的发展与演绎，其结构呈现出顽强的稳定性和可持续性，经典特征要素清晰可视。

中华地域广袤、民族众多、历史悠久，服饰品类极为丰富。这也促成了中华传统服饰必然存在着极为庞杂的结构谱系。但是各民族、各地域的传统服饰，在结构上又存在着鲜明的共性。“一个民族的文化基因是在特定地域和文化环境中现成的具有可继承性和可辨识性的基本信息模式，它反映了独特的民族风格”[1]。因此，那些长期存在、普遍分布且影响深远的代表性结构要素，便成为中华传统服饰结构的经典基因，是后世可持续传承与创新的重要技术焦点。

（一）衣身结·构的“平面”基因

滥觞于先秦时代的服饰十字型平面结构，是中华传统服饰中最具代表性的服饰基因之一。在中外服饰史的对比研究中，平面、立体与否是中外服饰差异的重要体现之一。西方服饰通过对服饰面料的裁剪、切割、拼合等方式，在胸、腰、臂、臀等人体部位形成诸多“省道”，使服饰尽可能地契合人体凹凸不平的生理曲线。中华服饰则反其道而行，数千年来从未大规模地在服饰上进行“省道”的布置，衣身及衣袖等结构始终沿袭着平面的整体特征。通俗来讲，中华传统的各类服饰，像折纸一样，是可以完全以平铺的形式铺陈在一个平面上，且不起任何的面料皱缩、隆起现象。

举例来看，图2-1（1）所示为一件清代乾隆时期石青色缎串珠绣四团龙褂料，长242厘米，宽155厘米，平面、完整，属于完成了纹样织绣装饰但尚未完成裁剪与缝制的半成品。图2-1（2）为奏请皇帝钦准后，由宫廷画师依照礼部规定绘制的彩色服饰图样，把服饰的结构、装饰及纹饰等信息都精准地描绘出来，并标注尺寸[2]。图2-2（1）为民间收藏家李雨来藏的一件结构类似的清中期缂丝衮服。结合图样与实物，复原出珠绣褂料的后续结构设计以及裁剪方式，如图2-2（2）所示。从结构上看，完整保留了面料的平整性，只做了三处的结构处理：第一，按照服饰的设计画出廓型，并剪出龙褂的基本造型，形成了龙褂的前、后衣片与左右袖型；第二，从前中心处剪开，形成龙褂的门襟；第三，在领窝处挖出前、后领口。自此便完成了该件褂料的结构设计与裁剪，除龙褂的底摆、侧缝、袖口、门襟、领窝等边缘处，在衣身的内部并未设计一道结构线，完整地保留了剪后、缝后服饰的平面特征。

此外，传统服饰结构的平面属性，不仅针对上衣及袍服，裙、裤、肚兜、云肩等包裹于人体下肢、胸腹、脖颈等部位的其他服饰，在结构上同样呈现出平面化整体特征，具体案例不再赘举。

---

[1] 刘元风.新中装[M].北京:中国纺织出版社,2020:6.
[2] 严勇,房宏俊,殷安妮.清宫服饰图典[M].北京:紫禁城出版社,2010:20.

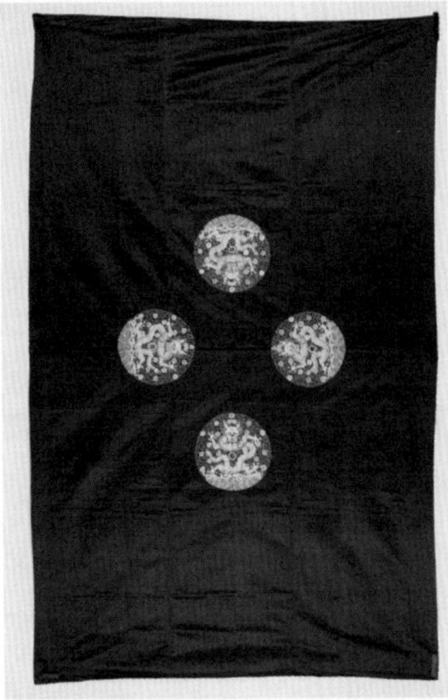

（1）[清乾隆]褂料

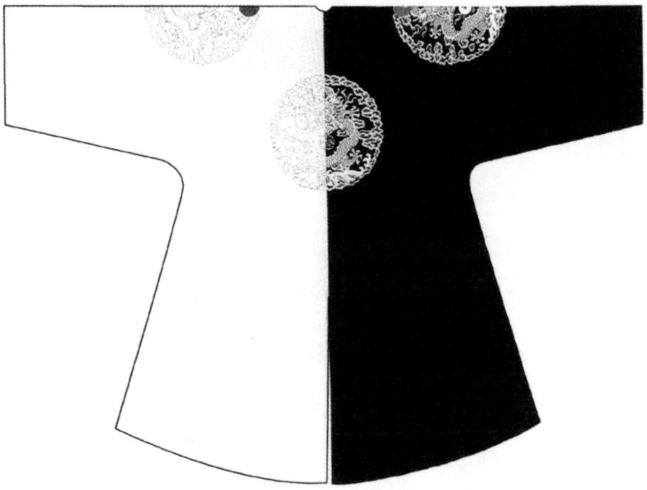

（2）皇帝衮服图样（《清宫服饰图典》载）

图2-1 [清乾隆]石青色缎串珠绣四团龙褂料及其图样｜（故宫博物院藏）

（1）[清中期]衮服（李雨来藏）

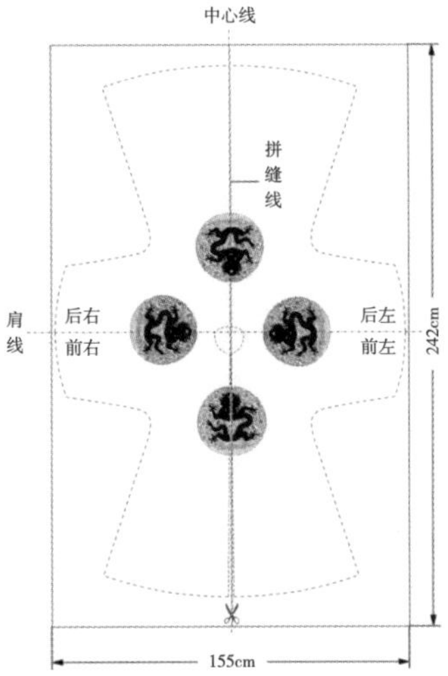

（2）褂料裁剪结构复原

图2-2 [清中期]石青色四团衮服及其裁剪结构复原

（二）衣领结构的“交立”基因

立领的结构最早可以追溯至距今3000多年前的西周时代。2003年山西曲沃晋侯墓地8号墓出土一件西周的戴冠玉人。同时，在新疆鄯善苏贝希Ⅰ号墓地4号墓出土过一件西周的对襟褐衣（图2-3），立领连接衣身，是先秦时代鲜有的交立领实物，历经数千年未腐。该立领结构巧妙，后领与衣身拼缝，前领则与衣身连为一体，是明清时期立领的直接雏形。上述两件出土文物是目前出土最早关于立领形象的资料，由此将立领出现的时间界定在西周时代。

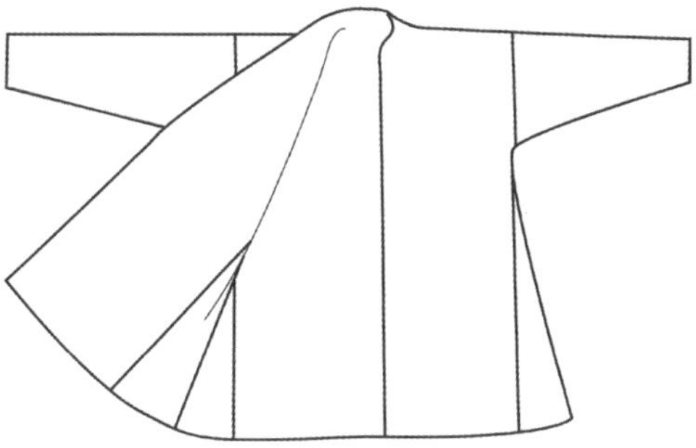

图2-3 [西周]对襟褐衣中的连身立领
（新疆鄯善苏贝希Ⅰ号墓地4号墓出土）

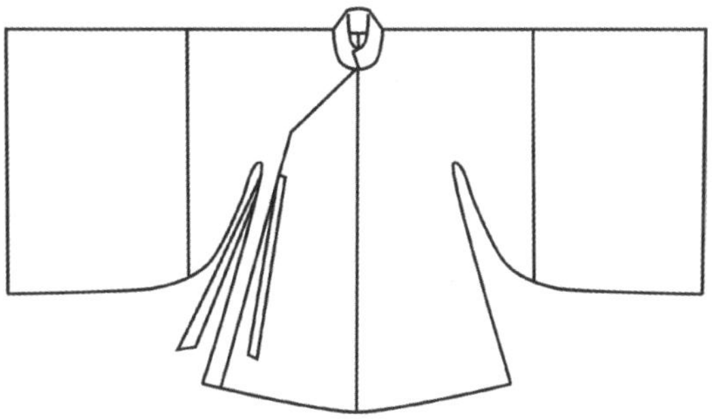

图2-4 [明代]蓝色暗花纱女长袄中的立领
（孔府旧藏）

隋唐以后，立领的形象与实物更加常见，但形制基本沿袭前世，且以筒状为主。中国丝绸博物馆藏隋代的一件联珠人物纹绮袍实物，虽然袖口并非博袖，但整体尺寸均较宽松，是典型的立领直身袍，衣领高高立起，垂直于衣身，并且需要特别指出的是，立领在尺寸上已经达到了一定的高度，据中国丝绸博物馆对馆藏的北朝人物纹绫袍、唐代斜襟联珠团花纹袍等立领的测量，领口高度已达10厘米左右，约3寸，已属于高领的范畴。前朝的立领在本质上还是一种依附于交领袍衫的特殊领型，直至明代中期，立领才形成自身稳定、独立的固定领型，左右领角位于衣身的前中线处，呈完全对称，立领的领型也呈中心对称，只是明代立领的领角形状与后世广为流行的弧形不同，以直角为主。明代袍、褂、袄、衫等领式多样，有交领、方领、圆领、立领等，但以前三种尤以交领最为流行。但明中期后，尤其在女装中交领的使用逐渐减少，立领的设计越来越普及，据考证在出土明代服饰最丰富的孔府旧藏中便有数件立领形制，其中蓝色暗花纱女长袄（图2-4），据测其领高约7.5厘米[1]。此外，明代中期以后的立领形制，不仅领型造型与后世基本一致，在与其密切相连及搭配的门襟设置上，也形成了“立领右襟”或“立领对襟”的经典领襟搭配形式，并一直为后世承袭。至清代，立领更是成为女性服饰的主流领型，相关实物众多。

除了上述被奉为经典的立领，中华传统服饰的领型中还有其他样式，如图2-5所示，

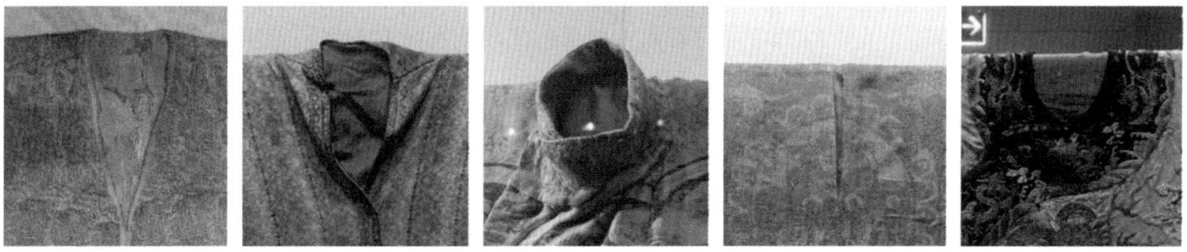

（1）[汉代]直领 （2）[汉晋]交立领 （3）[唐代]交立领 （4）[唐代]无领 （5）[清代]圆领

图2-5 传统领型样式 |（中国丝绸博物馆藏）

[1] 山东博物馆，孔子博物馆．衣冠大成：明代服饰文化展[M]．济南：山东美术出版社，2020:171.

分别有不同领高的交立领、不同曲率的直领、不同造型的无领以及清代服饰常见的圆领等。这些领型虽然没有立领那样流行且影响甚广，但也同样是传统服饰领型的重要基因构成。

（三）门襟结构的“斜对”基因

论及中华传统服饰中的门襟结构，最具代表性的莫过于大襟右衽。衽，门襟的意思。所谓右衽，即右襟，指前襟向右掩的一种门襟闭合方式，如图2-6（1）所示。右衽以其出现时间早、应用服饰广、流行时间久等特点，成为中华传统服饰结构中最具代表性的基因之一，甚至在民间，许多人以“大襟”这一结构语言来命名传统右衽的服饰类型。与右衽相对的是左衽，即前襟向左掩，如图2-6（2）所示。需要强调的是，学界通常认为着右衽为汉、为中原，着左衽则为少数民族，实则以偏概全。从现有出土实物及传世画像来看，由古至今，尤其是明代中后期（江南地域）的汉族人，存在着大量的左衽服饰。

此外，传统服饰常见的门襟还有对襟。对襟，顾名思义，即衣身左右两襟相对，互补相掩，一般以系带、盘扣等系扣闭合，如图2-6（4）所示，有无系结件设置，穿后两襟呈自然敞开状者，又称“开襟”，如图2-6（3）（5）所示。值得一提的是，图2-6（3）的汉代开襟在领口处有一段圆领的弧度设计，如此设计不仅可使衣领更符合穿着者脖颈造型，也可使穿后的衣服门襟之间的间隔缩小，别具匠心。

（1）[元代]右衽　（2）[辽代]左衽　（3）[汉代]圆领开襟　（4）[北朝]对襟　（5）[元代]开襟

图2-6　传统门襟样式　|（中国丝绸博物馆藏）

二、传统服饰的纹饰基因

传统服饰上的纹样多以吉祥纹样为主，起着重要的传达祝福寓意祥瑞的美好作用，它不是简单地模拟自然物象的外形，而是以舍形取意的方式，传达一定的社会文化信息和中国人的审美情感。吉祥图案，既具有审美功能，又标志着某种信仰的涵义，也是民族价值观的体现。吉祥图案的广泛运用，可以看出人们对美好生活的向往与追求。中华民族在传统文化形态上崇尚吉祥、喜庆、圆满、幸福和乐观向上、生生不息的情感意愿，这一理念反映在民族服饰图案上，则表现为追求饱满、丰厚、完整的构图造型，成为深厚的、丰富的传统吉祥文化和独特的审美习俗的装饰语言。

传统服饰及日常用品上的纹样题材，都直接或间接来源于对自然界各种生物的形象模拟或抽象概括，如自然生态景观、花鸟鱼虫、飞禽走兽等；还有各种舞台戏曲神话人物形象、节日喜庆场面以及宗教活动与民间生活生产场景的描述等。通过模仿、转换、联想、组合、夸张、类比等艺术手法，运用印、染、织、绣、贴等民间手工技艺，将纹样表现于传统服装、服饰品以及家用纺织品上。这些纹饰有的是皇家宫廷制式对传统图案形式的历代承袭，有的是民间艺人或手艺灵巧女子无意识的自由创作被赋予特定的民间、民俗意义，由此创造了精美无比的织锦、印花和刺绣艺术。

传统服饰纹样按照题材来源一般可以分为植物类纹样、动物类纹样、人物形象纹样以及组合纹样。

（一）植物类装饰纹样

传统服饰及服饰品上的常用植物类装饰纹样有牡丹、梅花、菊花、荷花以及一些无名花草等。

1.牡丹花纹样

牡丹花又名富贵花，雍容华贵，国色天香，它是富贵的象征，美丽的化身，被尊为“花王”“国花”。历史上不少诗人为它赋诗赞美，如唐诗赞它“佳名唤作百花王”，又宋词“爱莲说”中写有“牡丹，花之富贵者也”，名句流传至今，“百花之王”“富贵花”也因此成为赞美牡丹的别号。唐朝人最喜爱牡丹，曾在牡丹花开季节，举行牡丹盛会，百姓倾城而出，如醉似狂。

以牡丹花为主调的吉祥图案具有浓郁的中华民族特色，如图2-7是马面裙上的牡丹花纹样，采用的是平绣中的套针手法，色彩鲜艳，退晕自然，花卉较为写实，花瓣具有层次感，绣以蓝白色的叶子更加衬托出牡丹的高贵美丽。图2-8是女袄上牡丹纹，图2-9是童披风上牡丹纹样，盛开的牡丹花，图案造型富有层次感，色彩鲜艳，形态雍容华贵，从气质上给人以富贵之感，同样表达了主人期盼富裕美满生活的愿望。

在古代社会，普通民众无不祈盼能够富裕起来，追求吃穿不愁的物质生活可以说是人类与生俱来的本性。几千年来，一代又一代中国人在追求美好生活的征途上，历经苦难，直到今天依旧如此。牡丹，正是人们追求物质财富的心理观照，虽然只是指向意义，但这种潜意识一直根植在我国传统造物设计的艺术血脉中。

图2-7　马面裙上牡丹纹样

图2-8　女袄上牡丹纹样

图2-9　童披风上牡丹纹样

2.梅兰竹菊纹样

梅花是传统服饰图案中常见的花卉形态，同时也是民间广为喜爱的“四君子”（梅兰竹菊）之首，在严寒中，梅开百花之先，独天下而春，以自如游弋的线条、凌寒绽放的品格而为人们所喜爱。在传统服饰上“梅”以其五朵花瓣象征其审美形态的“五福捧寿”，五福的象征：一是快乐，二是幸福，三是长寿，四是顺利，五是和平，民间又一说法是象征“福、禄、寿、喜、财”，这些都是人们寄予传统民俗寓意的表现。如图2-10是坎肩上的梅花纹，平绣的梅花纹样显得特别精致，花朵有大有小，有开有合，颇具感染力。图2-11、

图2-10　坎肩上的梅花纹

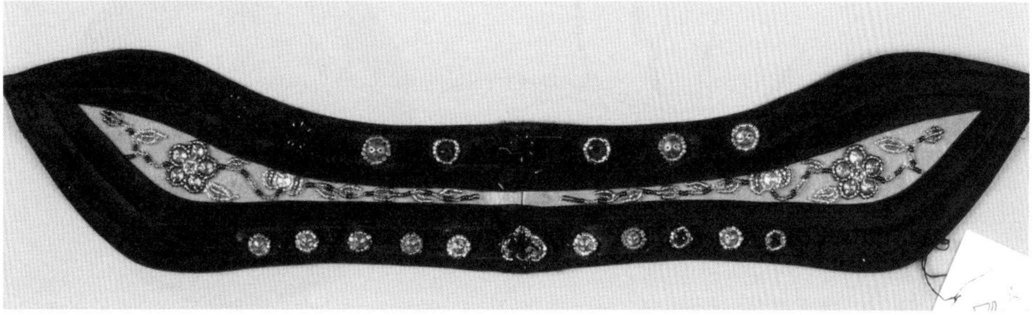

图2-11　眉勒上的梅花纹

图2-12　[明代] 梅花形象的线描图
（常州王洛家族墓徐氏墓四季丰登缠枝花缎）

图2-12为眉勒等服饰上的梅花纹样，通常以单株构图，简约典雅。

同时，梅花纹样也常与其他纹样一起组成组合纹样出现在服饰品上，往往用来表现一种高洁的品质。如松、竹、梅相搭配的“岁寒三友图”常用于服饰品和家用绣品中，还有“四君子”梅、兰、竹、菊，“雪中四友”迎春、玉梅、水仙、山茶，“五清”梅、竹、松、水仙、月季，“五洁”水、月、松、竹、梅等都含有梅花形态，代表的是一种寓意、一种美的展示、一种中国人借助自然美的意境追求精神美的特有思维方式。

中国人历来把兰花看作高洁典雅的象征，并与“梅、竹、菊”并列，合称“四君子”。通常以“兰章”喻诗文之美，以“兰交”喻友谊之真，也有借兰来表达纯洁的爱情，“气如兰兮长不改，心若兰兮终不移”“寻得幽兰报知己，一枝聊赠梦潇湘”。

如图2-13所示，兰花纹样在汉族民间足服上的应用突出表现在缠足弓鞋的鞋帮上面，弓鞋中的“柳叶形”弓鞋在鞋头通常都会在帮面两侧装饰一只简约的兰花纹样，左右帮面对称，左右鞋子也对称。主要指出的是，这里兰花的构图十分特别，从现存实物观察来看，几乎所有兰花纹样都会伸出一条细长的叶子，随着“柳叶形”弓鞋的鞋尖一直延伸出去，形成了极具线性美感的装饰趣味。

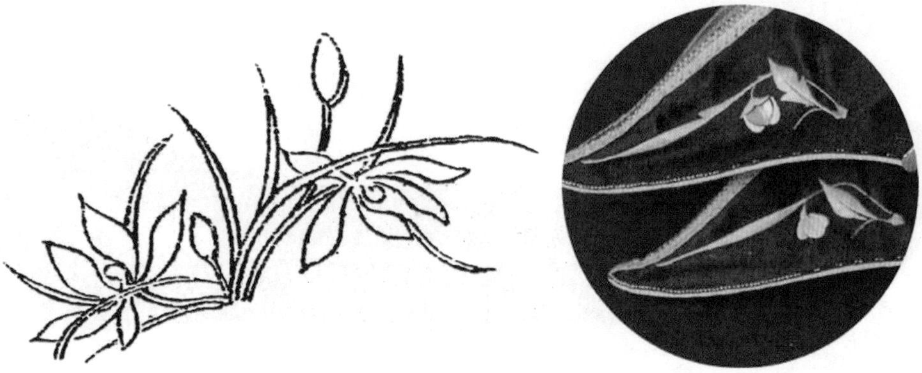

图2-13　足服上的兰花装饰纹样

竹子，虽不粗壮，但却坚韧挺拔，不惧严寒酷暑，喻义万古长青，彰显气节。竹是君子的化身，是“四君子”中的正直君子。竹有七德：竹身形挺直，宁折不弯，是曰正直；竹虽有竹节，却不止步，是曰奋进；竹外直中空，襟怀若谷，是曰虚怀；竹有花不开，素面朝天，是曰质朴；竹超然独立，顶天立地，是曰卓尔；竹虽曰卓尔，却不似松，是曰善群；竹载文传世，任劳任怨，是曰担当。因此中国人喜爱竹子，看重竹文化，如图2-14

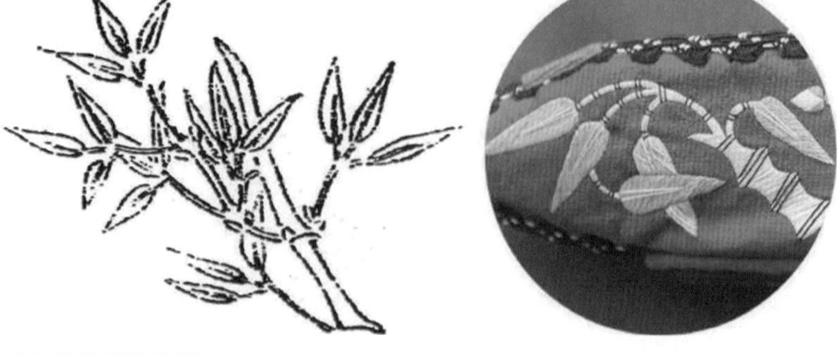

图2-14　足服上的竹装饰纹样

人们将竹竿、竹叶的形态，通过简化、抽象的艺术手法表现在男袍、男褂（图2-15、图2-16）以及足服的装饰上，构图自然流畅，配色与面料浑然一体，在深底色的对比下显得格外素雅大方，衬托出中国男子文质彬彬的儒雅形象。

菊花，古代又名节华、更生、朱嬴、金蕊、周盈、延年、阴成等，是我国的传统花卉之一。菊花以其品性的素洁高雅、色彩的绚丽缤纷、风骨的坚贞顽强和意趣的丰富多彩而倍受人们青睐。古人又认为菊花能轻身益气，令人长寿，民间称为“长寿”之花，据传朱孺子常饮用甘菊花和梧桐子泡的茶，后成了神仙。菊花还被看作花群之中的“隐逸者”，宋朝石延年称赞它“风劲香愈远，天寒色更鲜。秋天刁不断，无意学金钱”，故常把菊花喻为君子。菊花纹样应用于服饰上温文尔雅（图2-17、图2-18），其中足服上的菊花纹样（图2-19），刺绣菊花纹样窄长呈浅绿和浅黄相间，色彩青涩自然，茎叶弯曲细长，层层花瓣包裹着花蕊，显得十分圆润秀丽，使服饰更具美感。

图2-15　[民国] 男子短褂上的竹纹

图2-16　男袍上的竹纹

图2-17　女褂等上衣上的菊花纹样

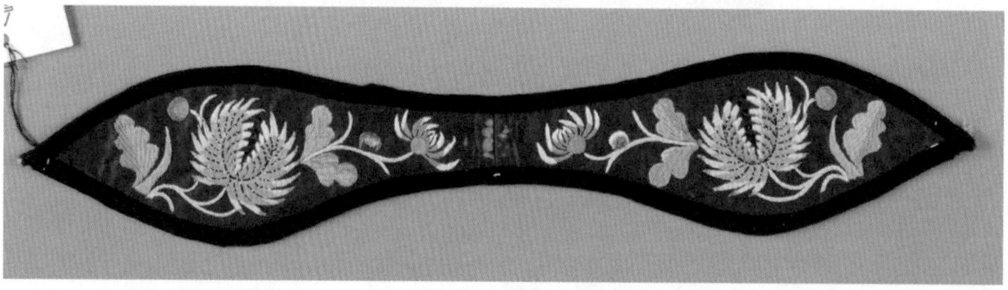

图2-18　眉勒上的菊花纹样

图2-19　足服上装饰的菊花纹样

3. 荷花纹样

荷花是高洁品格的代表，是神圣纯净的象征。人们以荷花的“出淤泥而不染，濯清涟而不妖”喻义高尚品质，作为激励自已洁身自好的座右铭。荷花花叶清秀，花香四溢，沁人肺腑，有迎骄阳而不惧、出淤泥而不染的气质，所以荷花在人们心目中是真善美的化身，是吉祥丰兴的预兆，以“超凡脱俗”而进一步上升为吉祥象征符号而广受尊崇。荷花纹样被用于服饰品上，寓纯真爱情和人寿年丰。如图2-20所示足服上各种生动形象的荷花形象，包括荷花的花瓣、茎叶、莲子等。荷花莲藕纹，荷花常与莲藕组合搭配，将本来不可能同时生长的荷花和莲藕进行组合，巧妙地进行了大胆的组合创造，产生了因合（荷）而得偶（藕）——天赐良缘的纹样寓意，成为别具一格的纹样装饰特色。

图2-20　足服上的荷花装饰纹样

4.其他花草纹样

传统服饰上的植物类装饰纹样，除了上述常见的几种之外，还有一些纹样如葫芦纹样（图2–21）、葡萄纹样（图2–22）、石榴纹样（图2–23）、桃子纹样（图2–24）等，同样是人们喜爱表现的纹样类型，它们也都有着一定的文化内涵和民俗寓意。葫芦、葡萄和石榴都是多籽的植物，因此都具有“多子多福”的美好寓意，人们在选取这些造型各异、色彩绚丽的自然形态作为纹样装饰的同时，也表达了对美好生活的向往和祝愿。

在中国的传统文化中，花卉纹样代表美丽、吉祥如意和物丰人和。然而民间也有许多叫不出名字的花草装饰纹样（图2–25），是民间女子的自由创作，她们传达着自我的审美认知，表现出自己的心灵手巧、传情达意、美好期望，寄托爱情和祝福。

图2-21　足服上的葫芦装饰纹样

图2-22　足服上的葡萄装饰纹样

图2-23　肚兜上石榴纹样

图2-24　云肩上的桃子纹样

图2-25 足服上的无名花卉装饰纹样

（二）动物类装饰纹样

传统服饰上的动物类纹样同样丰富多彩，寓意吉祥、丰盛，常见的有老虎、猪、蝶、蝙蝠、禽类等形态。

1.虎形纹样

老虎，作为一种猛兽和古代图腾崇拜物，是勇猛精进、雄强威武的象征。它是兽中之王，镇山之主，古称“山君”或“圣兽”，在我国古代被奉为山神，它黄质黑章，锯牙钩爪，体型庞大，斑斓健美，吼声如雷，震慑百兽，是威仪、正义与强健的化身。老虎在中国传统文化中扮演过很重要的角色，虎文化不仅在原始图腾中有着丰富的底蕴，各地的民风民俗中也离不开虎的形象。老虎本身是自然界的猛兽，它具有凶猛、强悍的自然生态特征，有力量、有气概的人物和事物往往与虎联系起来，如虎将、虎士、虎步等。从历史资料看，虎被描绘为伸张正义的义兽，又极富有人情味，无疑是生活在王权统治中人们所祈求的能够行侠仗义的使者。

在古代民间，小孩子出生是非常受重视的事情，有的地方甚至要祭祖以谢天地，同时举行满月仪式，有民谣为证："三天就怕马牙子，七天又怕七朝疯，十二天小满月，为娘才放一点心。"民间借以各种民俗手段来保佑孩子健康、活泼的成长，从而在精神上取得慰籍和心理平衡。虎头帽是苏北民间非常普遍的服饰品（图2-26），有尾巴和飘带的称为"披风帽"，无尾巴的称为"一把抓"。"披风帽"在上学之前都可以戴，"一把抓"大多为襁褓和摇篮中的幼童佩戴。与虎头帽对应的是虎头鞋，图2-27是传统虎头鞋上造型各异的虎头形态，虎头的颜色以红、黄为主，虎嘴、眉毛、鼻、眼等处采用粗线条勾勒，富有装饰的立体空间感，夸张地表现虎的威猛。此外，肚兜等服饰品中也常有虎的形象（图2-28）。

2.五毒纹样

五毒，是对毒虫毒物的统称，包括蟾蜍、蝎子、蜈蚣、毒蛇、蜥蜴等。人们讨厌这些动物，尤其惧怕它们会伤害小孩，为了保护孩子健康成长，民间往往用其毒化喜降之意。因此，"五毒"题材在民间十分流行。常见的"五毒"艺术品大多出自乡村妇女和民间艺人之手，他们完全凭借着一份质朴的情感和单纯的手艺直觉创造出雄厚有力、简洁明快的艺术图案，反映了劳动人民那种朴实无华的舔犊之情。图2-29是儿童肚兜，肚兜上绣有一只蜥蜴。民间认为每年的五月是五毒出没的时间，有民谣说："端午节，天气热，'五毒'醒，不安宁"，因此端午节还有"五毒日"的别名。图2-30所示为"虎镇五毒"组合纹样。

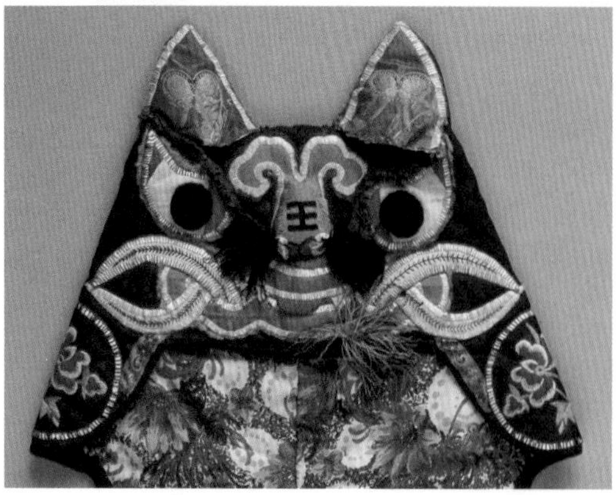

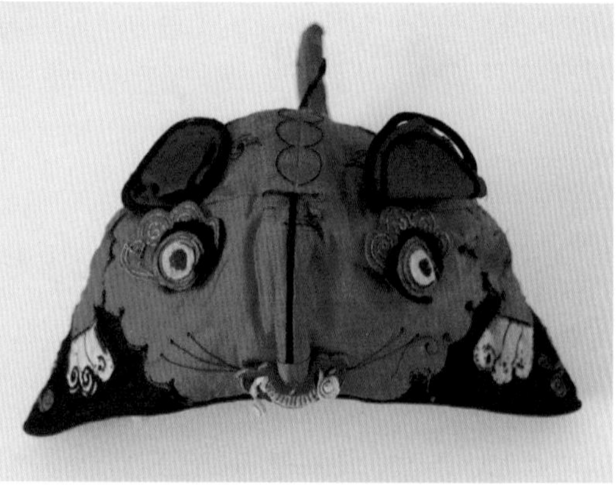

图2-26　儿童虎头帽

图2-27 足服上的虎头纹样

图2-28 肚兜上的老虎纹样

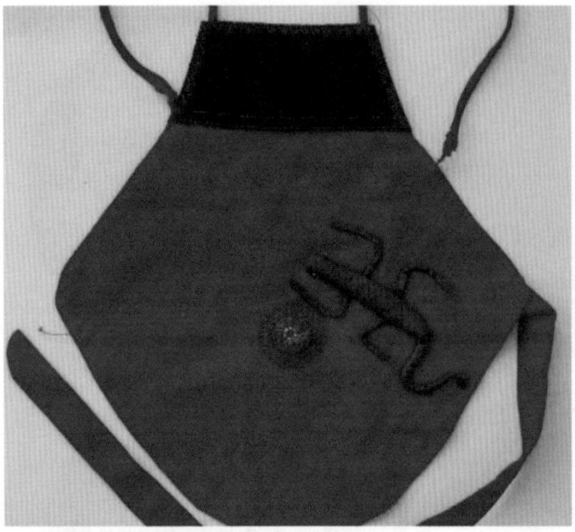

图2-29　儿童肚兜上的“虎镇五毒”

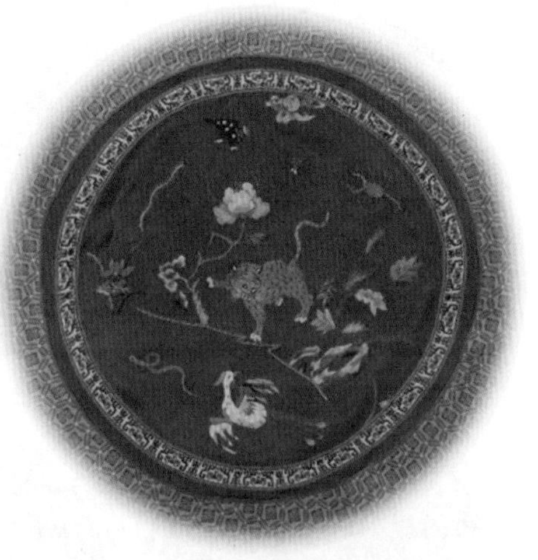

图2-30　纺织品上“虎镇五毒”纹样

此外，“五毒”香包是庆阳香包典型的一种。端午节这天庆阳人将“五毒”视为吉祥物，给孩子拴上“五毒”荷包，或做成“五毒”肚兜、“五毒”坎肩穿在身上。农历五月初五这一天，走在庆阳的大街小巷让人仿佛踏进了民间艺术博览会的殿堂，大人、小孩身上都挂满了妇女们精心绣制的各式各样的荷包，姑娘们穿上新衣服，手腕上系上花花绿绿的彩绳，孩子们额头上点着雄黄痣，穿着“五毒”背心，系着彩色裹肚，胸前吊满了成串的香包，神秘而有趣。

3.蝴蝶纹样

蝴蝶以其身美、形美、色美被人们欣赏与咏诵，被人们誉为“会飞的花朵”“虫国的佳丽”，令人体会到大自然的赏心悦目，成为一种高雅的表现及美丽的化身。蝴蝶忠于情侣，一生只有一个伴侣，是昆虫界忠贞的代表之一，是幸福、爱情的象征，它能给人以鼓舞、陶醉和向往。中国传统文学常把双飞的蝴蝶作为自由恋爱的象征，表明人们对自由爱情的向往与追求，历史上的民间传说“梁山伯与祝英台”就是以男女主人公化蝶为爱情悲剧的结尾。蝴蝶纹样在传统服饰中十分常见，但是单独出现的情况并不多见，如图2-31是大襟衫上的蝴蝶纹，蝴蝶本没有尾巴，但民间凭借自己大胆的想象力赋予蝴蝶以新的形象，平绣的蝴蝶有长长的尾巴，飞舞时更加飘逸美丽，与植物花卉组合应用较为常见。图2-32是女子兜肚（汉代称抱腹，宋代称裹肚或围兜），绣有两只对称的蝴蝶，蝴蝶以单线的形式来表现，重点突出蝴蝶的两只大眼睛。图2-33是凤尾裙吊坠局部，蝴蝶位于绣片正中部位，粉红色底绿色绣线，使蝴蝶纹样更加突出。图2-34是两双鞋上饰有单独的蝴蝶纹样，在传统足服中是比较少见的。在绝大多数的情况下，蝴蝶纹样都是与其他纹样组合，尤其是与牡丹、荷花等花卉纹样以“蝶恋花”组合纹样的形式一起呈现。

图2-31　女衫上的蝴蝶纹

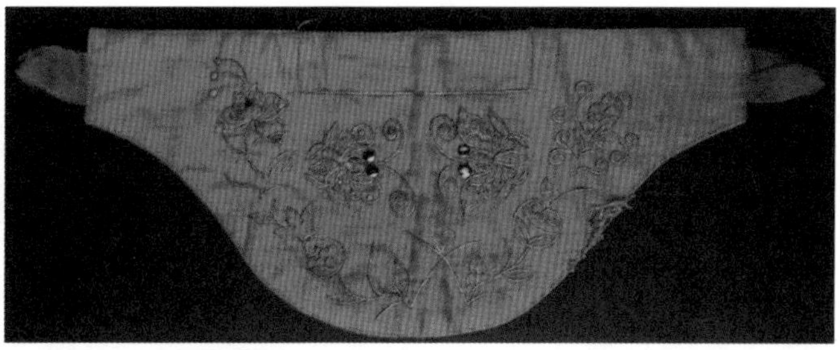

图2-32　围兜上的蝴蝶纹

图2-33　凤尾裙吊坠上的蝴蝶纹

图2-34　足服上的蝴蝶纹样

4.其他动物纹样

除上述的动物纹样外，其他一些动物、昆虫纹样也常用于服饰品上，如鱼（图2-35）、鹿（图2-36、图2-37）、麒麟（图2-36）、鼠（图2-38）、猴（图2-39）、孔雀（图2-40）、兔、猫、青蛙等，它们都是民间女性或手工艺人对生活美好愿景的具化体现。

图2-35　足服上的鱼纹

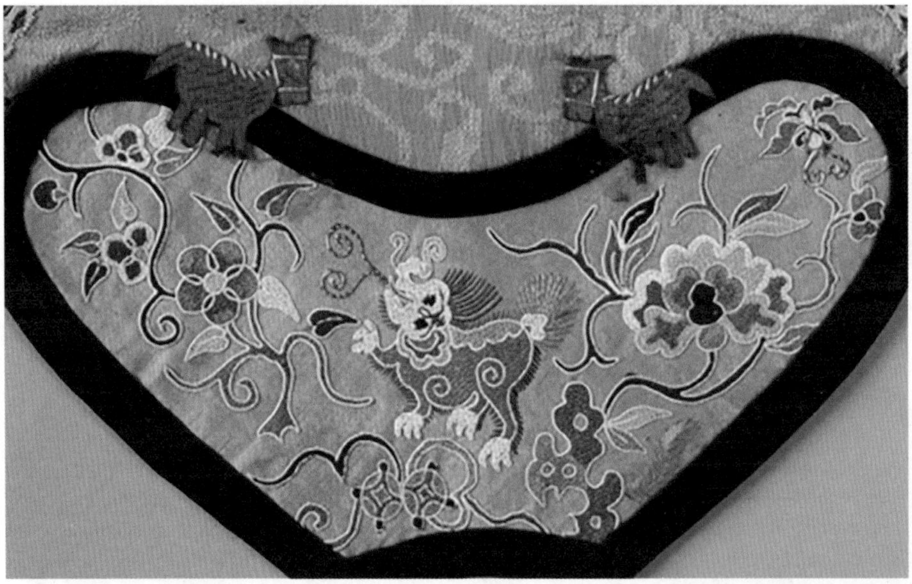

图2-36　肚兜上的鹿、麒麟纹

图2-37　足服上的梅花鹿纹

图2-38　童帽上的鼠纹

图2-39　弓鞋鞋跟上的猴纹

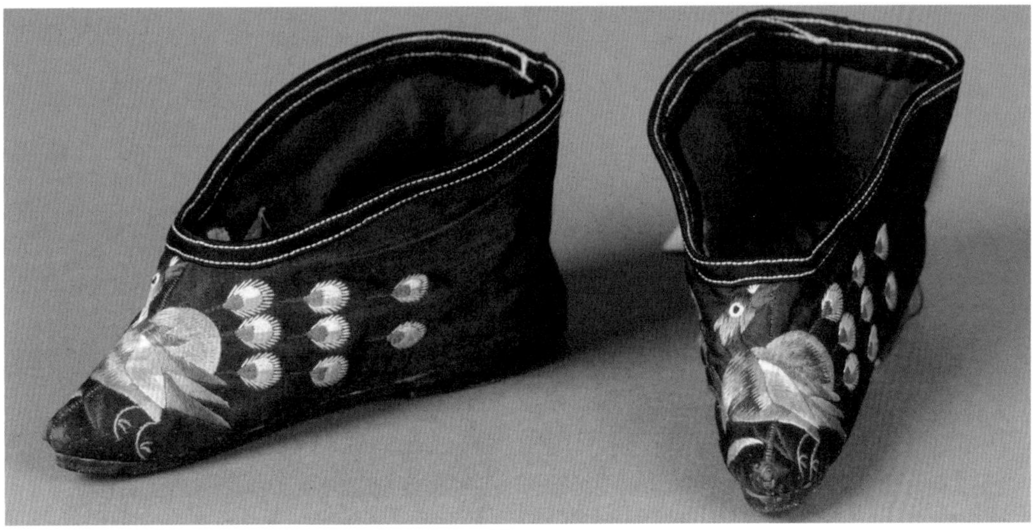

图2-40　弓鞋上的孔雀纹

（三）器物纹样

“器物”二字是对各种民间用具的统称。“器”被用来指代各种具有盛放功能的实用器具；“物”有万物之意，可分为自然物与人造物。按照器物的用途，可将服饰纹样中的器物分为实用型器物、陈设型器物；按场合可分为宗教器物、节庆器物。实用型器物纹样通常是能够满足人生活的基本诉求，比如钱币、水桶、梳子、剪刀；陈设型器物纹样是必需品以外的追加，如博古雅器、文房四宝、瓶花磁器，它们往往映射着穿用者或慕古怀旧、或出尘脱俗、或趋利避邪的精神诉求。节庆器物纹样指的是在节日庆典使用的器物，如庆典时常设的花篮，元宵节必挂的彩灯；宗教器物纹样即与宗教有关的器具，常用暗八仙纹、八宝纹等，部分源自日常生活，部分则出自人们的想象。❶以下是传统服饰中常见的器物纹样。

1.暗八仙纹样

“八仙过海”在我国民间家喻户晓，是人们喜闻乐见的人物对象。暗八仙又称“道家八宝”，指的是八仙所持的法器，由于是以法器暗指仙人，所以称为暗八仙，这八种法器分别是葫芦、团扇、鱼鼓、宝剑、莲花、花篮、横笛和阴阳板，代表了中国道家追求的精神境界，承载了人们对美好生活的向往。“八仙”和“暗八仙”图案被广泛应用于传统服饰中，表现“趋吉避凶”的寄托（图2-41），也常用于家用品上。图2-42是枕顶，枕顶上绣有的八宝图案与飘带纹一同组成团花，图2-43是刺绣云肩局部，团扇与阴阳板被莲花所包围，使得画面更加饱满。

---

❶ 张燕芬.明清服饰之器物纹样研究[D].江南大学硕士论文,2012:56.

图2-41　绣花袄上的暗八仙纹

图2-42　枕顶上的暗八仙纹

同时，“暗八仙”中的葫芦纹样也常被单独使用。葫芦与道家有着千丝万缕的联系，而葫芦纹主体的造型也恰似两个对称的数字“3”。老子《道德经》曰：“道生一，一生二，二生三，三生万物”，可见“三”在中国有着“创世”的意义，自古以三为多，其思维基础也正在于此。葫芦是中华民族最原始的吉祥物之一，人们常挂在门口用来避邪、招宝，上至百岁老翁，下至孩童，见之无不喜爱，现代电视剧中也有赋于葫芦以多能的神话功效，缘由之一也不乏其有着古老的渊源。每个成熟的葫芦里葫芦籽众多，华夏族就联想到“子孙

图2-43　云肩上的暗八仙纹

万代，繁茂吉祥”，意在子孙人丁兴旺；葫芦谐音“护禄”“福禄”，加之其形态各异，造型优美，古人认为它可以驱灾辟邪，祈求幸福。因为葫芦的这些寓意，服饰品中常见葫芦的形象（图2-44），图2-45是云肩绣片，葫芦上绣全福二字，有祈求幸福之意。

图2-44　绣片上的葫芦纹

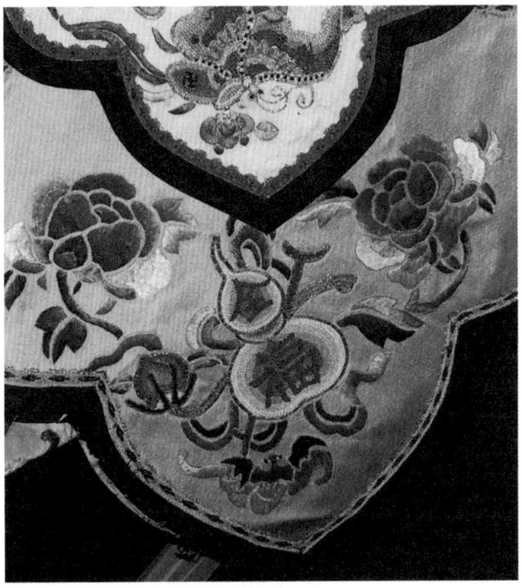

图2-45　云肩绣片上的葫芦纹

2. 八宝纹样

八宝是佛教图案，又名“八吉祥”“八瑞相”，由法轮、法螺、宝伞、华盖、莲花、宝罐、金鱼和盘肠组成，含有寓意。佛八宝纹与暗八仙纹相同，最初都只是运用在宗教场所的装饰之中，随着佛教文化与汉文化的不断融合，这种八宝图案才逐渐为民间所采用，用八宝组成的吉祥图案称“八宝生辉”，在《红楼梦》中描述人物服饰时较为常见。

盘肠位居第八位，排列在“八吉祥”的最后，其重要性恰如中国民间俗语“编筐编篓全在收口”，人们常将盘肠作为“八吉祥”的代表。盘肠纹有规则的穿插、盘缠接绕，纹样无头无尾，无终无止（图2-46），喻意长长久久、连绵不断，十分恰当地反映出中国百姓期盼吉祥的观念，也常被人们作为诸事顺利的象征。又“肠”和“长”同音，故又称“盘长”，象征贯通天地万物的本质，无始无终和永恒不灭的至高境界。“盘肠”正是将这些意义加以引申、提炼，并以“中国结”的形象固定下来，为追求吉祥的民族所钟爱，将其看作幸福、吉祥的符号。图2-47是十字绣荷包，荷包上绣以多个菱形格，每个菱形格内都有不同颜色的盘肠纹样，成为人们美好愿望的代言物件，征着美好事物生生不息、绵延不断。图2-48所示的盘肠纹样位于织物的正中间位置，不仅有效填充了如意纹样中心的空白，同

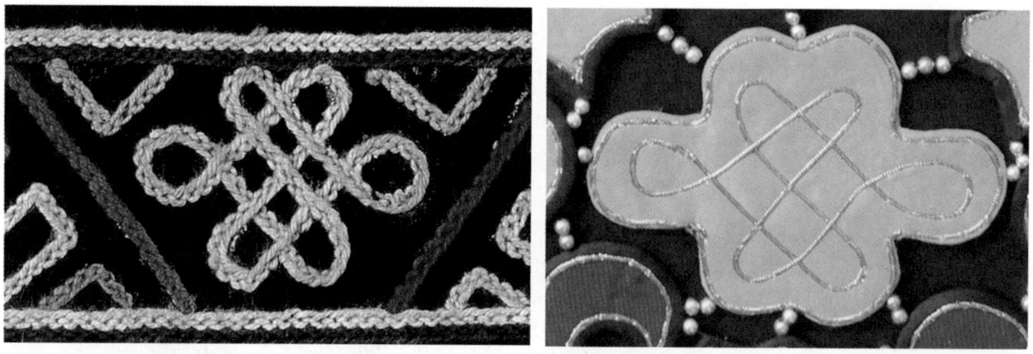

图2-46　盘肠纹样

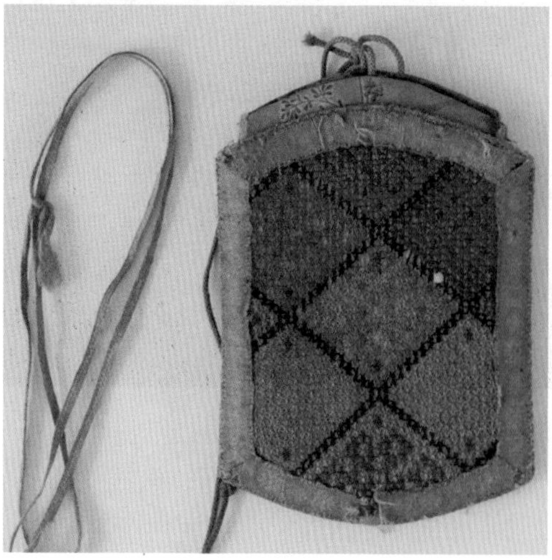

图2-47　十字绣荷包上的盘肠纹样

图2-48　盘肠纹样

时有如意绵长之意。

3.瓶花纹样

以瓶为主题的图案在服饰中的表现丰富多样——常见的有平安富贵、平安如意、四季平安、吉庆有余、岁岁平安、平升三级、博古纹等。瓶纹在传统服饰以及装饰品中的广泛使用，或许不应简单地理解为人们对瓶子以及瓶花的偏爱，抑或是一味认为仅仅因“瓶”谐音“平”寓意平安而使其图案受到大众的追捧，瓶纹的广泛使用或许包含着人们对于瓶的承载能力的赞美，这种承载生命、滋养生命的能力而形成的水瓶崇拜又与人们原始的生殖崇拜情结有所联系，随着时间的推移，瓶纹所体现的这种生殖崇拜情结被逐渐隐没和异化，这种原始情结和期望平安的现实诉求在服饰中的体现是丰富而有趣的。在服饰纹样中，瓶纹常与各种花草一同出现，组合比较自由，此种图案多用于荷包、腰包、枕顶等小型服饰品上，而荷包与腰包所佩戴的位置正是女性孕育生命的子宫，这或可解为——借瓶对生命的承载孕育来暗示并祝福人类生命的孕育和繁衍的强盛。如图2-49、图2-50是马面裙、女褂中的瓶花图案，瓶口较大，瓶上插的有牡丹等花卉，花型不一，有主有次。

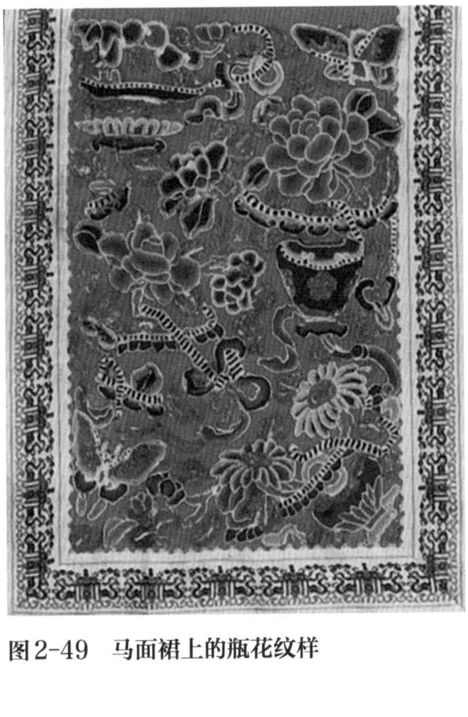

图2-49　马面裙上的瓶花纹样

图2-50　女褂上的瓶花纹样

（四）组合纹样

在传统服饰中，纹样多以各类元素组合形式出现，较为常见的图案有“三多”纹、“蝶恋花”“凤戏牡丹”“喜鹊登梅”“麒麟送子”“鱼戏莲”“鱼穿莲”“莲生贵子”等。

1.“三多”纹样

“三多”是我国民间追求的理想主题，由石榴、佛手、寿桃组成。晋潘岳《安石榴赋》描述石榴：“千房同膜，千子如一”，即以“榴开百子”寓“多子”；佛手瓜的“佛”以谐音隐喻“福气”《神农经》传说：“玉桃服之长生不死”引申长寿；三者组成“祈子添福益寿”的表现题材。图2-51是马面裙上的“三多”纹样，整体图案素雅大方，富有层次。图2-52是一件坎肩上的“三多纹”，其中石榴、桃与佛手纹样处于画面的视觉中心，色彩丰富，显得简洁明快，过渡自然，形态饱满丰富。

图2-51　马面裙上“三多”纹

图2-52　坎肩上的“三多”纹

2.“蝶恋花”纹样

“蝶恋花”常被用于寓意甜美的爱情和美满幸福的婚姻，表现的是人们对至善至美的追求。“蝶恋花”纹样被人们广泛接受和喜爱，常用于服饰、枕顶、绣片、荷包、肚兜以及纺织品上，在上衣上常装饰于袖口、前后衣片以及下摆上。通常马面裙中也常将“蝶恋花”纹样装饰在裙片上（图2-53），各绣有五颜六色大小不等的蝴蝶，通过蝴蝶的大小来表现远近虚实以及主次关系，蝴蝶围拥着花卉，以此来表示人们对美好爱情的向往与追求。图2-54是“蝶恋花”纹样的枕顶，蝴蝶簇拥着美丽的花儿，蝴蝶纹样采用与花卉一致的色彩来表现，让人浑然不知谁是花儿谁是蝴蝶。图2-55女袄上的“蝶恋花”纹样，分散布局在衣身的各位置，井然有序，逸趣横生。此外，蝴蝶还有和萝卜白菜等其他植物组成的组合纹样，如图2-56所示。

图2-53　马面裙上的“蝶恋花”纹样

图2-54　枕顶上的“蝶恋花”纹样

图2-55　女袄上的“蝶恋花”纹样

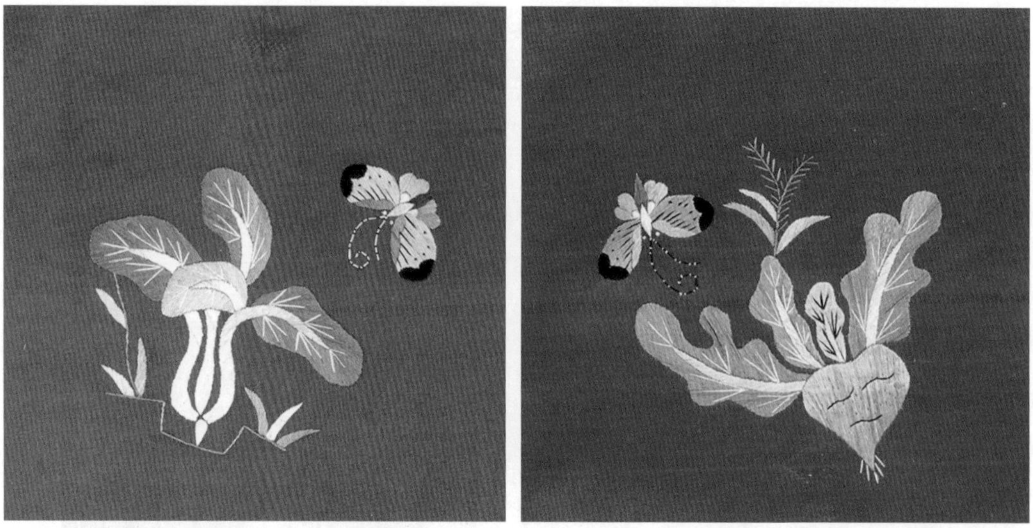

图2-56　枕顶上蝴蝶与萝卜、白菜组合纹样

3.“凤戏牡丹”与“凤求凰”纹样

凤纹是中国具有代表性的传统装饰纹样，在我国具有悠久的历史和广泛的情感认同。大到屋舍宫宇，小到裙边针脚缝隙间，凤纹在中国人的日常生活无处不在。经过漫长的发展，凤纹逐渐成为各种鸟禽优美特征的集合体，成为具有中国特色的艺术纹样（图2-57），并在不同的历史时期呈现着不同的特征和内涵。

近代，凤纹呈现出“雅俗共赏”的两类风格：一种是明清时期繁缛华美风格的延续，各个部位写实具体，精细描绘；一种是具有村野气质的粗犷质朴，有的似鸡（图2-57）、有的似鸟。前者是对“宫庭标准化”的美丽凤纹发扬；后者则是凤纹回归民间后的再次发展，有别于“标准化”的凤纹，人们更多以生活中所见的鸟类为原型意指凤形，获得约定俗成的象征意义。百鸟成凤，凤成百鸟，凤的形象又多了鸡的平实，鸟的灵活，少了皇室的贵气和图腾的神性。

民间为表达爱情和幸福主题，绣凤成为司空见惯的形式，可以说，凤的精神更接近大众，凤给民间带来生活幸福美满的希望，故而大众也赋予凤丰富多彩的形象和内容。凤纹以多变的形态和吉祥的寓意，成为服饰装饰中不可缺少的纹样。凤不仅是道理言行的规范标准，还是婚姻爱情的象征。故而，乡村女子的绣衣、云肩、绣鞋、围裙上就凭想像使用双凤与牡丹或者单凤与牡丹等图案，这些“凤戏牡丹”和“凤穿牡丹”的组合纹样在民间广为流传，图2-58是马面裙上“凤戏牡丹”的刺绣纹样，凤凰是“百鸟之王”，牡丹是“百花之王”，牡丹与凤凰组图，寓意吉祥喜庆，婚姻美满，富贵殷实。此外，凤纹在荷包、肚兜（图2-59）、旗袍（图2-60）、围脖、云肩、手绢、枕顶、绣花鞋（图2-61、图2-62）、鞋垫上等也得到普遍的使用。

图2-57　童帽上的凤纹

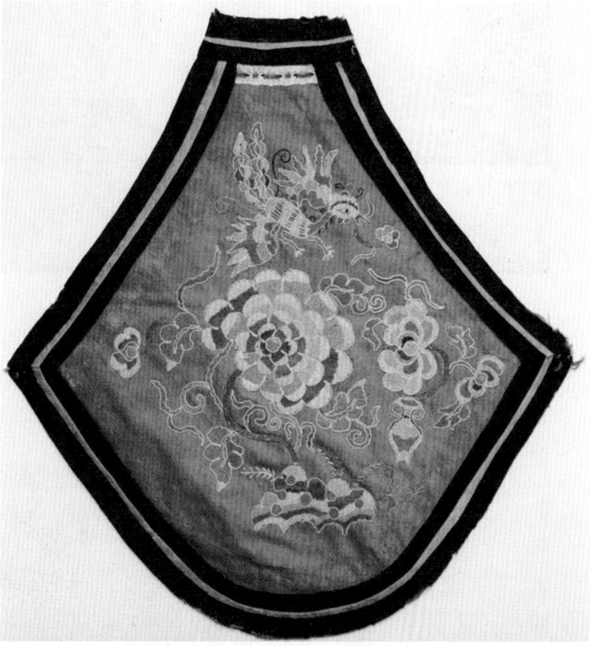

图2-58　马面裙上“凤戏牡丹”组合纹样

图2-59　肚兜上“凤戏牡丹”纹样

图2-60　旗袍上“凤戏牡丹”纹样

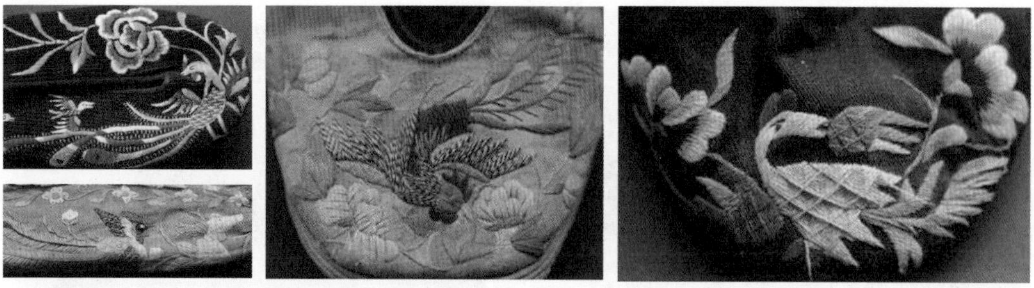

图2-61　足服上“凤戏牡丹”纹样

图2-62　鸡公鞋上凤纹与花卉的组合纹样

4.“喜鹊登梅”纹样

“喜鹊登梅”组合纹样，是用梅花和喜鹊来构成固定的组合，喜鹊立于开满梅花的梢头之上，用喜鹊的喜表示现实生活中的喜事好事，用梅梢进行一种同音字的借用，来代替眉梢两个字，来表示“喜上眉梢”，传达好运将要降临，表现劳动人民对幸福生活的美好向往。民间也有传说，七夕那天人间所有的喜鹊会飞上天河，搭起一条鹊桥让牛郎和织女相见。因此喜鹊登梅不仅寓意吉祥、喜庆、好运的到来，还是爱情的象征。图2-63的枕顶绣片上绣有一对喜鹊立于梅花枝上，向上探视，十分生动，色彩丰富，画面饱满，饶有趣味。图2-64的鞋面和鞋垫上

图2-63　枕顶上“喜鹊登梅”纹样

图2-64　足服上的喜鹊组合纹样

绣有一只或一对喜鹊立于梅花枝上，向下或者向上探视，十分生动。写实的造型艺术，色彩丰富，画面饱满，充满趣味。

5.“麒麟送子”纹样

“麒麟送子”组合纹样是民间“祈子”系列纹样中的的一种，传说中麒麟为仁兽，是吉祥的象征，能为人带来子嗣。相传孔子的父亲孔纥与母亲颜徵仅孔孟皮一个男孩，但患有足疾，不能担当祀事。夫妇俩觉得太遗憾，就一起在尼山祈祷，盼望再有个儿子。一天夜里，忽有一头麒麟踱进阙里。麒麟举止优雅，不慌不忙地从嘴里吐出一方帛，上面还写着文字：“水精之子孙，衰周而素王，徵在贤明”。第二天，麒麟不见了，孔纥家传出一阵响亮的婴儿啼哭声。麒麟含仁怀义，对普通百姓而言，它就是送子神兽。图2-65是肚兜绣片局部，色彩丰富，以平绣等绣出“麒麟送子”纹样，纹样

图2-65　肚兜上“麒麟送子”纹样

以小儿为中心，身骑麒麟，周围有花草环绕。由于麒麟是传说中的瑞兽，“麒麟送子”纹样亦象征育儿长大成人后，必成圣贤有德之人，表达对孩子未来美好前途憧憬的情结。

6.“鱼戏莲”“鱼穿莲”“莲生贵子”纹样

“鱼戏莲”“鱼穿莲”“莲生贵子”等组合纹样中，莲代表女性，鱼代表男性，其实就是男女爱情碰撞的故事，闻一多先生在《说鱼》一文中这样说：“这里鱼喻男，莲喻女，说莲与鱼戏，实等于说男与女戏。”图2-66是“鱼戏莲”枕顶，鱼儿嬉戏于莲叶之间，悠闲自在，十分惬意；也有“群鱼闹莲”，画面丰富饱满（图2-67）。如图2-68足服上的“鱼戏莲”装饰纹样。“鱼穿莲”表示二者已经结合，“莲生贵子”则是“鱼穿莲”后的自然繁衍，寓意男女合婚后生子延续后代，并且需要接二连三地重复这种生殖过程以延续和壮大家族的香火，这是农业文明时期的需求。在民间，多子多福是根植于百姓心间的传统观念，所以，“连生贵子”这一类的吉祥图案经久不衰，民间常利用“莲”和“连”的谐音，以莲花中或坐或立的童子而构成“连生贵子”的图案。

图2-66 刺绣枕顶上的“鱼戏莲”纹样

图2-67 刺绣枕顶上的“群鱼戏莲”

图2-68 足服上的“鱼戏莲”装饰纹样

7.其他组合题材

第一种组合如“鸳鸯戏水”纹样，是鸳鸯、莲花、莲藕的搭配组合（图2-69、图2-70）。鸳鸯是祝福夫妻和谐幸福的最好的吉祥物。鸳鸯，水鸟名，羽毛颜色美丽，形状象凫，但比凫小，雄鸟的翼上有扇状饰羽，雌雄常在一起。《禽经》中记载：“鸳鸯，朝倚而暮偶，爱其类。”据说鸳鸯成对游弋，夜晚雌雄翼掩合颈相交，若其偶失，永不再配。莲实即莲子，喻连生贵子。因此“鸳鸯戏水”寓意夫妻恩爱，多子多福，同偕到老。

第二种组合如“五福”纹样，即是通常所说的“福、禄、寿、喜、财”，大多通过文字与蝙蝠、金锁、铜钱等形成组合纹样。图2-71是眉勒上的“福在眼前”刺绣纹样，成为人们表达对“福、禄、寿、喜、财”等中国传统吉祥文化寓意的载体，还有以“福如东海、金玉满堂、寿比南山、长命富贵”等文字直白的表述，也有以“四合如意”吉祥纹样组合来寄寓文化内涵的。

图2-69　枕顶上的“鸳鸯戏水”组合纹样

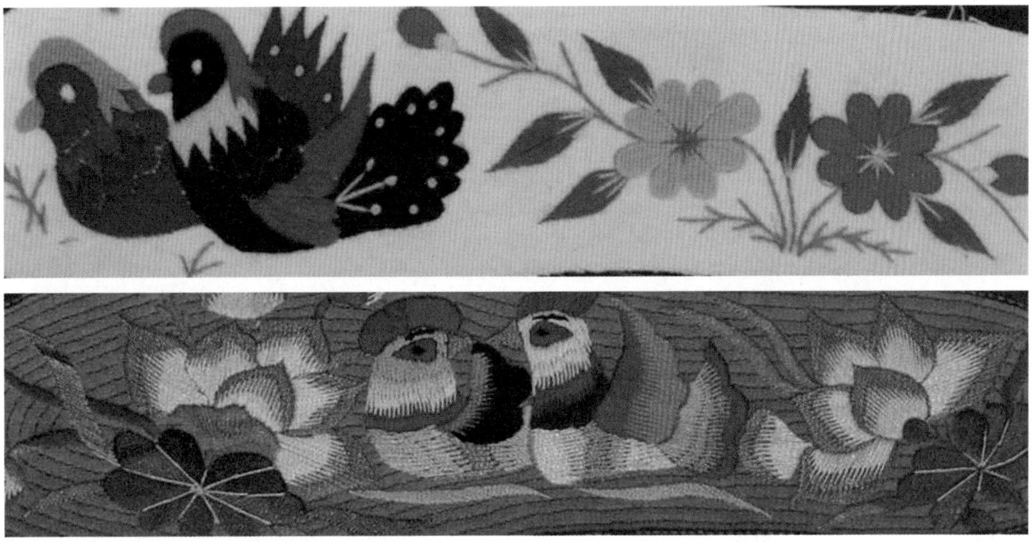

图2-70　足服上的“鸳鸯戏水”纹样

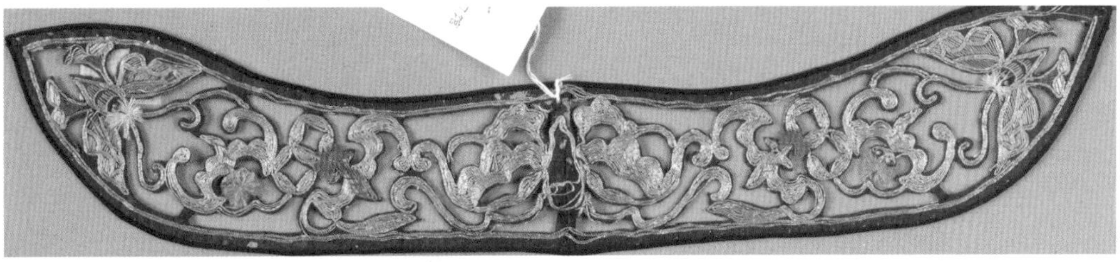

图2-71　眉勒上“福在眼前”组合纹样

第三种组合如“百子”纹样，民间认为“多子”才能“多福”，因此，由一百个或数个儿童组成的“百子图”组合纹样在民间较为流行（图2-72）。

此外，还有“葡萄松鼠”纹（图2-73），寓意多子多福；“武松打虎”等民间戏曲人物纹样（图2-74、图2-75）等组合形式。

综上所述，传统服饰上的装饰纹样，从题材来看，大多是直接或间接来源于对自然界各种生物的形象模拟或抽象概括，如对花鸟鱼虫、飞禽走兽的刻画等，通过模仿、转换、联想、组合夸张、类比等艺术手段，运用织、染、印、绣、贴等传统手工艺将它们表现出来。需要指出的是，这不是一种简单地模拟自然物象的行为，传统服饰上的装饰纹样多以吉祥纹样为主，有传情达意的作用，因此这是一种以舍形取意的方式传达一定的社会文化信息和审美情感，传达人们对于美好生活的追求和向往❶。

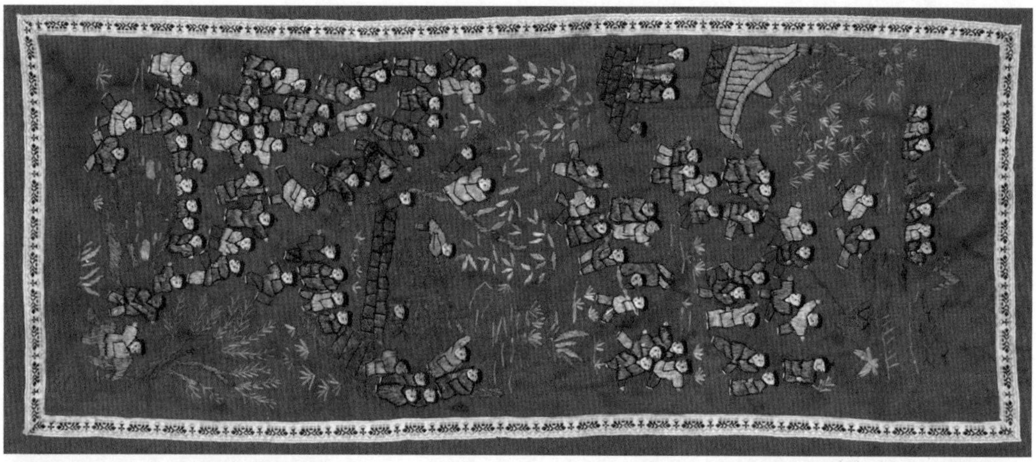

图2-72 纺织品上的百子图

图2-73 女袄上的“松鼠葡萄”纹

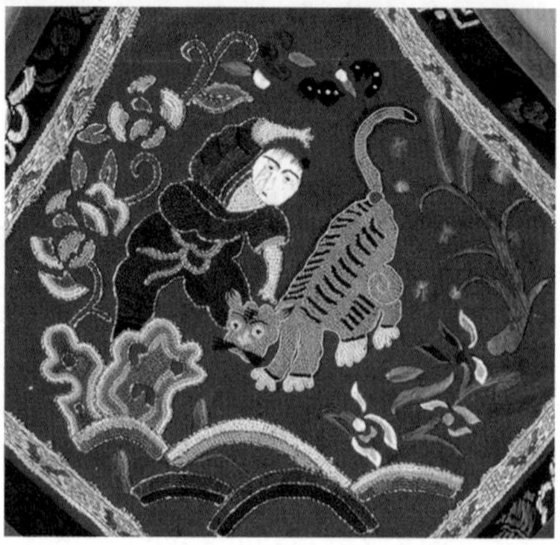

图2-74 肚兜上的“武松打虎”组合纹样

❶ 崔荣荣.汉民族民间服饰[M].东华大学出版社,2014:101-102.

图2-75　纺织品上的戏曲纹样

三、传统服饰的色彩基因

大自然中的色彩作为一种客观存在的视觉审美元素，随着审美主体认知能力的提高与审美情趣的积淀，色彩具备了稳定的审美意义。人类对客观色彩世界的认知，是人们由物质认知到精神认知的升华，因此色彩具有极强的心理属性和情感因素。在数千年的历史长河中，文化性格独特的中华民族也在对自然与自身的思考中，逐步形成了自成体系的具有哲学思辨性的色彩观。

（一）传统色彩理论

中国古代的色彩理论多来源于人类对自然界生态现象的深刻认识，以及对自然色彩的模仿和归纳总结；在此基础上，古人将对色彩的认识与传统“五行”哲学相联系，形成了极具东方韵味的“五行五色”色彩理论。古人在开始认识色彩的初期，看见花草树木、虫鱼鸟兽皆披覆着和谐美妙、绚丽多姿的色彩，便产生了效仿之心，收集起彩色斑斓的物件用于自身的装饰。随着对色彩的进一步认识，古人发现原来可以通过某种方式将美丽色彩印染到服装上，服饰色彩历史便由此展开。可见，色彩仿生的手法在色彩理论产生之前就已经被有意识或无意识地应用了。自周朝开始，人们把“五色”理论纳入了“五行”体系，认为“五色”是“五行”之物的本色，并与“五方”相配属，即土黄在中、金白于西、木青在东、火赤于南、水墨位北（图2-76）。[1]“五色”理论把“青、赤、黄、白、黑”定为五

[1] 崔荣荣.汉民族民间服饰[M].东华大学出版社,2014:156-157.

大正色，其他色称为间色，而间色由正色相杂而成，这种“正色—间色”说是古人从大自然的色散现象中得到启示、归纳总结出的结果。

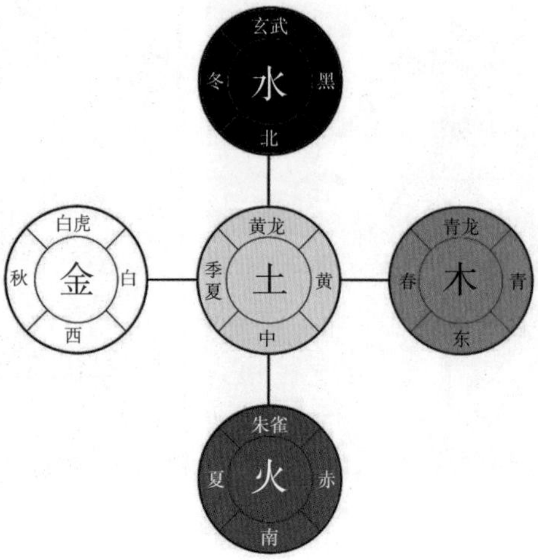

图2-76 传统“五行五色学说”示意图 | （笔者设计绘制）

根据五行说，正色是事物相生相促进之结果；间色是相克相排斥之结果，于是产生正色贵间色贱、正色尊间色卑、正色正而间色邪的对比关系。到了汉代，服装色彩被统治王朝规定作为一种区分贵贱等级的标志，出现了“五行服色”。色彩的这些特定性能被用作服务于统治阶级的政治功能，集中表现为汉武帝时儒学家董仲舒提出“天人合一”说和“天人感应”论，宣扬君权神授、儒教神化，“五行服色”制度成为了巩固封建制度的重要手段。班固在《白虎通义》[1]中记载：“制度、文采、玄黄之饰所以明尊卑……。”《后汉书·舆服志》记载：“失礼服之兴……非其人不得服其服……。”《旧唐书·舆服志》亦记载服装色彩的等级制度：“贞观四年（公元630年），定三品以上官员服紫色，五品以上服绯色，六品七品服绿色……。”因此，传统服饰色彩理论把自然、宇宙、伦理、哲学等多种观念揉和在一起，使实用的色彩融入思辨的哲理，形成别具风格的华夏色彩文化。[2]

（二）传统色彩命名

古人对于色彩最初命名并非是固定的，对同一类色彩往往有着不同的命名。例如作为世界上最早的字典，《说文解字》中记载了39个色彩名词，其中对白色有这样的阐述：“皎”月之白也；“皖”日之白也；“皙”人之白也；“皤”老人之白也；“皑”霜雪之白也。尽管

[1] 班固等著《白虎通义》，是汉代讲论五经同异，集两汉今文经学大成之作，大部分为复述董仲舒的学说及基本观点。
[2] 崔荣荣.近代齐鲁与江南汉族民间衣装文化[M].高等教育出版社,2012:65-67.

都同属于白色，但因其表面质感、光泽、冷暖、强烈程度不同，给人们的感觉也不尽相同。所以在色彩命名上，古人为了区别不同色彩在人们心理感觉上的不同，也使用了相应的名称来进行描述，使色彩名称极为丰富生动。此外，《说文解字》作为我国最早记述古代面料色彩的文献，其对色彩的解释与当时的面料色彩也有着一定的联系，如其曰："红"帛赤白色也；"绿"帛青黄色也；"紫"帛青赤色；"绀"帛深青而扬赤也；"绯"帛赤色也。这些都是通过面料来帮助人们理解不同色彩的名称及其意义，可见彩色面料的普及性。

对于同一色系中不同的颜色，人们习惯以自然界中不同的物件来为其命名。如元明时期通俗读物《碎金》"彩色篇"中记载了古人常用的褐色系列："金茶褐，秋茶褐、酱茶褐、沉香褐、鹰背褐、砖褐、豆青褐、葱白褐、枯竹褐、珠子褐、迎霜褐、藕丝褐、茶绿褐、葡萄褐、油栗褐、檀褐、荆褐、艾褐、银褐、驼褐。"清代李斗《扬州画舫录》中记载的当时服装面料色彩：如红有淮安红……桃红、银红、靠红、粉红、肉红；紫有大紫、玫瑰紫、茄花紫；白有漂白、月白；黄有嫩黄、杏黄、丹（江）黄、蛾黄；青有红青（一曰鸦青）、金青、元青、合青、虾青、沔阳青、佛头青、太师青；绿有官绿、葡萄绿、苹果绿、葱根绿、鹦哥绿；蓝有潮蓝、睢蓝、翠蓝（或云即雀头三蓝）。黄黑色曰茶褐，深黄赤色曰驼茸，深青紫色曰古铜，紫黑色曰火薰，白绿色曰余白，浅红白色曰出炉银，浅黄白色曰密合，深紫绿色曰藕合，红多黑少曰红综，黑多红少曰黑综，二者皆紫类，紫绿色曰枯灰，浅者曰硃墨；外此如茄花、兰花、栗色、绒色，其类不一。

从中可见，古人对于色彩的命名往往来源于其对自然事物相关色相的联想以及扩展，在表述某一具体色彩时，习惯于通过该色彩的相关事物来界定，如植物水果名、动物名、地名、染缸等。

（三）传统色彩的文化性格

色彩的视觉感是人对服装产生美感的第一感觉，人们对于色彩的感知、想象、记忆、思维与人的审美意识和审美情趣密不可分。色彩具有强大的表现张力，人们可以通过对色彩的合理应用去传达自身的思想和感情。同样，在长期的历史活动中，民族的性格特征和精神气质也能够从其色彩风格中得到有效传达。由于民俗文化中对于吉祥如意的热烈追求，传统服饰文化上非常注重色彩的象征意义。在节庆活动期间，人们的服装及场景布置上，用色艳丽明快，热闹大方，形成了我国独特而鲜明的色彩风格。此外，出于对自然色的无限崇拜，不同地域的服饰色彩与环境之间有着紧密的联系和呼应，显示出和谐统一的东方色调。

1.浓烈鲜明的"尚红"基因

中华民族是一个崇尚红色的民族，在民族传统服饰中，如山西晋中地区女性裙装大多色彩比较鲜艳，红色占了大多数；在江南水乡服色中红色也常作为对比装饰色彩，有大红、玫红、桃红、粉红等，丰富的色彩带来了视觉审美的变化；齐鲁地区的民间服饰更是以各种红色为主要表现色彩，并逐渐形成个性化的区域色彩风格。此外，社会生活中的很多民俗事务也多是以红色为基调，如春节红色的对联、爆竹、窗花剪纸等，足以见得红色在传统服饰色彩中不可替代的地位。中华民族所崇尚的红色总体来说是吉祥喜庆的象征，而当应用在不同场合时也被赋予了更为丰富多彩的民俗含义。

（1）辟邪求福

红色在中华传统民俗文化中具有辟邪求福的符号意义。红色是三原色之一，视觉冲击力最大，在五行中红色代表的是火，具有兴旺光明的意思，因此在民俗心理中红色又上升为驱邪和祈佑的特质。例如，过春节时，家家户户都喜爱贴红对联、点红蜡烛、放红色鞭炮，安度除夕夜。相传古时有种叫“夕”的凶猛怪兽，每到年末便到村中吞食牲畜、伤害人命。直到某年，一位承诺能将怪兽驱走的白发老人来村中求宿。当晚，老人事先安排在留宿人家点上许多红烛，屋中红彤彤亮堂堂，一片光明。当怪兽象往年一样进村准备肆虐之时，白发老人身披红袍，突然红色爆竹燃起，热闹非凡。怪兽见状大惊失色，浑身战栗，仓惶而逃，原来夕兽最怕红色、火光和炸响。此后人们将每年这个时候定为“除夕”，家家都贴上红对联，点燃红蜡烛，燃放红爆竹，守更待岁，红色也便具有了驱邪避祸的意义。此外，在民间生孩子要送红鸡蛋，并为新生儿穿上红“毛衣毛裤”（图2-77、图2-78）、红肚兜，认为这样才能趋吉避凶，消灾免祸，庇佑孩子幼小的生命，祈求平安。还有儿童的童帽（图2-79）、童披风（图2-80）等服饰也常以红色装饰。又如传统的大年三十，若及本命年，人们便早早地穿上红色内衣，系上红色腰带，或者选用红丝绳系挂随身佩带的饰物，来迎接自己的本命年，以驱邪求好运。

图2-77　传统红色“毛衣”

图2-78　传统红色“毛裤”

图2-79 传统红色童帽

图2-80 传统红色童披风

(2)吉祥喜庆

图2-81 传统红色旗袍

红色在传统的民俗文化发展历史中逐渐由辟邪发展成为吉祥喜庆的含义，有红色的地方就有喜庆热闹吉祥顺利。在北方地区，人们常在节庆日挂上红灯笼，大红灯笼映红一片，营造出节日喜庆热闹的氛围。关于红灯笼的习俗如何得来，相传是某年岁尾黄巢起义军准备入攻郓城，黄巢进城打探敌情时遇险，得一老汉相救，他便要老汉在大门上挂上红灯作为标识，以免起义军入城后误杀恩人。老汉菩萨心肠，将此消息透露给周边乡亲们，于是众多人家都挂起了红灯笼。从此，挂红灯的习俗慢慢推广流传了下来，一是为了感激救命恩人，二是寄托了人们对吉祥平安的祈愿。

民间红色的吉祥寓意还表现在婚嫁姻缘上，以传承着喜结良缘、幸福美满的民俗含义。在传统婚俗上，新娘总会穿上一身鲜艳的红色婚礼服（图2-81），头戴凤冠霞披，再盖上红盖头（图2-82），或者红袄配红裙（图2-83），坐上红花轿，新郎穿着红色长袍，身上挂着大红绸花绣球，新婚居室中门窗贴满大红喜字，家置红被子、红家具等。这红

图2-82　传统红盖头

图2-83　传统红色马面裙

满堂的婚礼现场不仅烘托了婚礼的喜庆氛围，也预祝着新人将来的生活能够红红火火、吉祥如意。

可见人们很容易将红色与吉祥、喜庆、顺利、平安等众多美好的祝愿联系起来，已然成为中华民族的传统心理与思维模式。

（3）正义英勇

红色也是我国传统民俗中忠勇与正义的象征。在传统戏曲中，"红脸"角色是指勾画红色脸谱的人物，常常在故事中充当友善或令人喜爱的角色，或者在解决矛盾冲突的过程中代表正直或公义性的人物。红色脸谱也用来表现性格忠勇耿直、有血性的勇烈人物，如人们常说的"红脸的关公"，关羽一身正气，常为民除害，于是在民间传说和舞台戏曲中，人们把他脸面"涂"红，以寄寓百姓对他的喜爱。此外，在京剧曲目中勾画"红脸"的还有赵匡胤、姜维等正义人物及神话中的有道正神。俗话说的"唱红脸"，就是从戏曲文化中引用而来，来形容明理正义的中间人可以有效化解矛盾，"唱红脸"的人大多品行端正、性格直爽且能言善辩，能够把矛盾转引向好的方向发展。

（4）美丽贤良

红色在中华民族看来也代表着美丽、华丽、艳丽的女子形象，如妇女的盛妆称为"红妆"，李白《浣纱石上女》中"玉面耶溪女，青娥红粉妆"和杜甫《新婚别》中"罗襦不复施，对君洗红妆"等诗句为证，女性妆容称为"施红晕朱"；称有内涵的美丽女性谓"红颜知己"等，这些都是以红色象征美丽。

总而言之，中华传统的"尚红"心理在社会生活和民俗习惯中是普遍而深刻存在的，它已经成为中华民族的文化表意符号，上升为整个中华传统服饰礼仪的标示性色彩。

2. 含蓄典雅的"兰青"基调

青色是中国传统色彩文化的重要组成部分，这与《说文解字》中记述的青色代表了东方色彩是一致的："青，东方色也"。

由于古代染色技艺的限制，面料色谱中青、蓝两色是相近色，中间的过渡色归属界限很难精确划分，所以这种模糊性反映在汉语中，就产生了"青"这种表义多样化的色彩词，也有"青出于蓝而胜于蓝"之说。兰青色调在传统服饰中的应用极为普遍，明度和纯度不同的蓝色和青色系列是民间女子典型的传统服饰色彩，如齐鲁地域民间服饰中的上衣色彩大多是以冷色系的蓝色、青色等和以中性的绿色为主的蓝绿色调体系，而江南水乡服饰的主色调是以青、蓝、黑为主体的冷色体系（图2-84）。

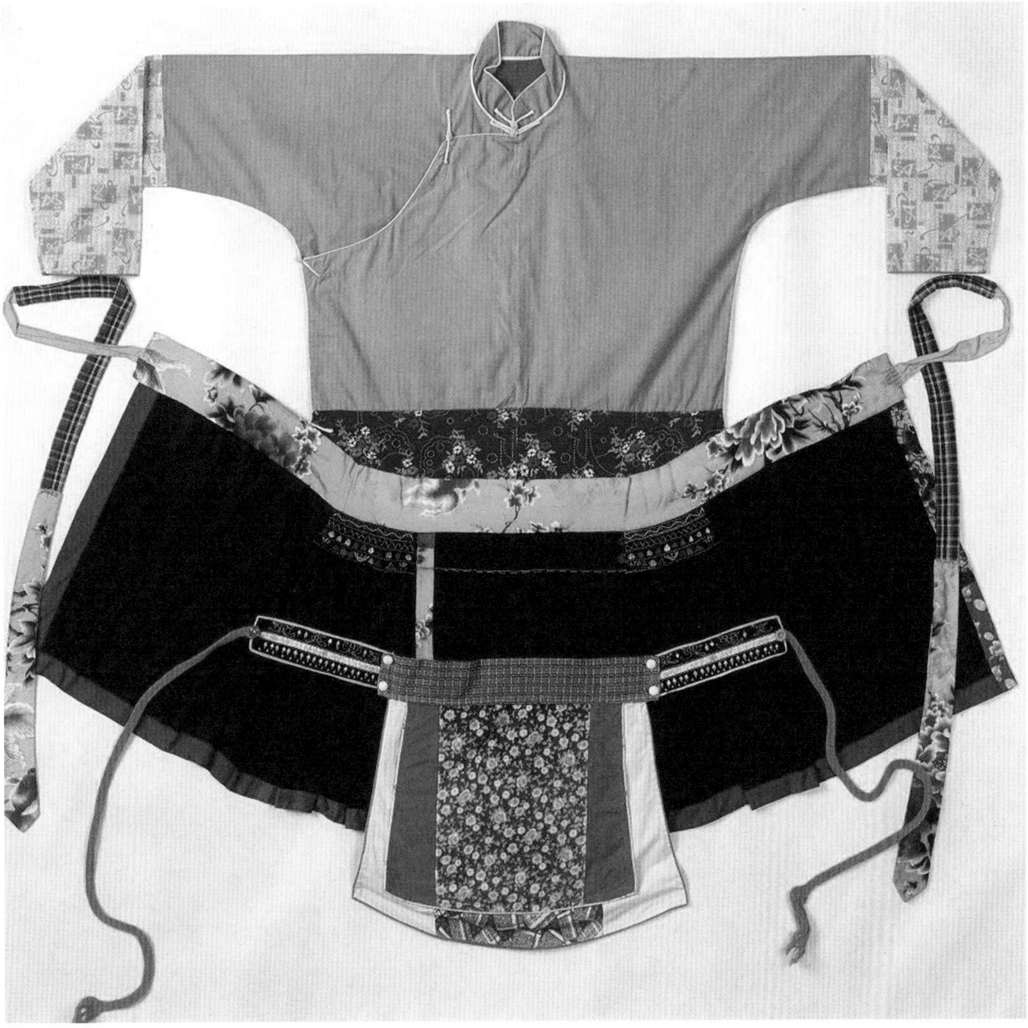

图2-84　江南水乡服饰的青蓝色调

以江南地区为例，兰青色调的服饰色彩搭配与江南水乡自然环境有着高度的和谐，如“蓝青花绿相映的大襟拼接衫、宽舒细致的作裙（围裙）及穿腰束腰”，搭配“青莲包头藕花兜”，和着红绿绣花的小配饰点缀，与江南水乡的蓝天、青山、绿水及民居建筑的白墙、青砖、黑瓦浑然天成。江南女子所穿的翠蓝绸袄、蓝绸夹裤，以及民国时期江南水乡地区民间女子流行的新娘婚后常服——以土布缝制的淡蓝色或青蓝色袄，还有江南水乡地区妇女所着被称为“小褂”的常服——衫，这些通常也都是蓝色或青色，颜色纯正，色调普遍偏深。即便如今，这些传统服饰在部分地区仍然有很多老年妇女在穿用。此外，江南民间工艺“蓝印花布”的“分蓝布白”也体现了东方女性的秀丽、典雅、含蓄之美，恰到好处地向人们传达着江南水乡的社会环境和人文意境。

青，古代也指黛色。而明度与纯度相对较低的青黑色在古代五色理论中地位较低，因此青黑色也逐渐成为民间庶民常用的服色，例如古人常形容底层的劳动人民形象为“青衣小帽”，此处的“青衣”就是指一种偏青黑色的布料所制的衣服。在单田芳的评书《薛家将》中有一段关于“青衣小帽”的解说——薛丁山奉李世民之命从白虎关前往寒江关，给樊梨花赔礼道歉。樊本是薛的新婚妻子，屡次屈枉被薛暴打，冤屈愤懑之下提出四条赔礼道歉的条件：一不能带随从，只能独自前往；二不能乘车骑马，必须步行到寒江关；三不能穿绸裹缎，更不能着将帅服饰，只能着青衣小帽前往；四进得寒江关城门，须一步一磕头直到樊梨花的府门。初听的人不能理解“青衣小帽”似乎就是便装啊，怎么能算是为难呢？其实不然，古时候穿衣打扮是很有讲究的，青衣小帽是用棉布麻布做成的，是普通百姓的穿着(所谓“布衣”是也)，如果你穿绸裹缎，那至少是个财主，弄不好还是个官宦人家的子弟，穿着好，人就不敢小看你。因此，让身为元帅的薛丁山着青衣小帽，那是把他降低到庶民的身份地位，对堂堂元帅来说是一种严重的侮辱——可见在古代服制等级之中，“青衣小帽”所象征的是一种社会等级低卑的普通庶民。而至后代，青黑色则被赋予了含蓄低调的传统色彩气质（图2-85），男女袍衫中常用，显得内敛谦卑。

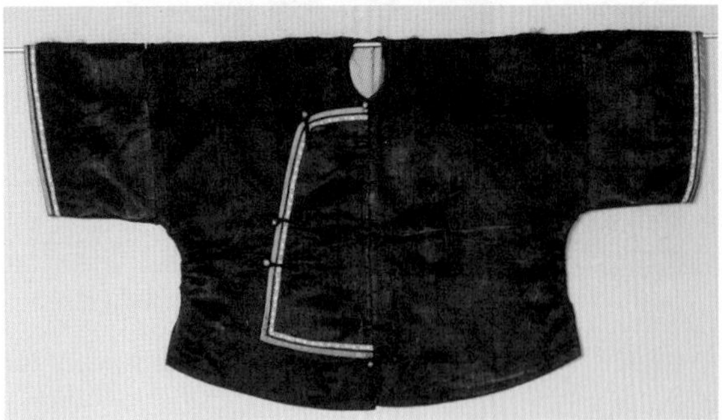

图2-85 传统青色袍衫

3.神秘潇洒的“黑白”搭配

中国古代黑白两色作为“正色”而在社会生活中占有重要的一席之地。综观我国古代，黑白色首先被视为大小礼服色，服务于统治阶级的政治功能，时而作为流行色，时而为禁用色，时而被赋予特殊含义，有时亦可自由选择。黑白色本身不仅有着独特的色彩魅力，作为两极色，黑白也有着调和配色的作用。

（1）用于常服的黑白色

从历史上各朝代的服饰色彩分析看来，黑白两色的应用历史非常久远，且其色彩的象征含义在不同时期也有所变化。古人称黑色为元色、缁色或皂色，也称一种偏红的黑色为玄色；白色一尘不染的固有品质，使人们常常将其与纯洁、神圣、光明、洁净、空虚、飘渺等意象联系起来，我国古代文人就常以素衣来寄寓自己清高的理想。据《吕氏春秋》记载，夏代尚黑，商代尚白。周朝男性的主要礼服是黑色或白色上衣，贵族常服色为白色，天子、庶民平常喜好的服色是白、青、缁、玄四色，奴隶服色为黑色。春秋战国时赵国的卫士皆服黑色。秦崇尚黑色，规定黑色最为高贵，庶民普遍着白衣。至西汉时，男性大礼服及朝服仍以黑色为最多，汉代礼服中最尊贵的祭服是玄衣。魏晋及南北朝时期，由于胡人入主中原和佛教传入，色彩上力求摆脱传统，反抗礼法，主张浪漫、唯美的生活哲学，讲究飘逸潇洒，以至于白色在服装上盛极一时。唐朝初也流行白色服装，于安史之乱以后，作为上层服用的黑色才开始进入民间，与白色一同为社会各阶层所用，二者互为影响并形成具有时代感的唐代服色文化。北宋以士大夫为主流，男子常服色为皂色或白色，平民只许服用黑白二色。南宋时白色地位下降，民间使用会有所忌讳，而黑色则又开始流行，并被规定成为士大夫的礼服色。明清乃至民国时期，黑白服色从上层至民间都已相当普及（图2-86、图2-87）。可见，黑白色在历代服装上的应用是普遍的，黑白服色的发展有其系统性。

图2-86 传统黑色马褂

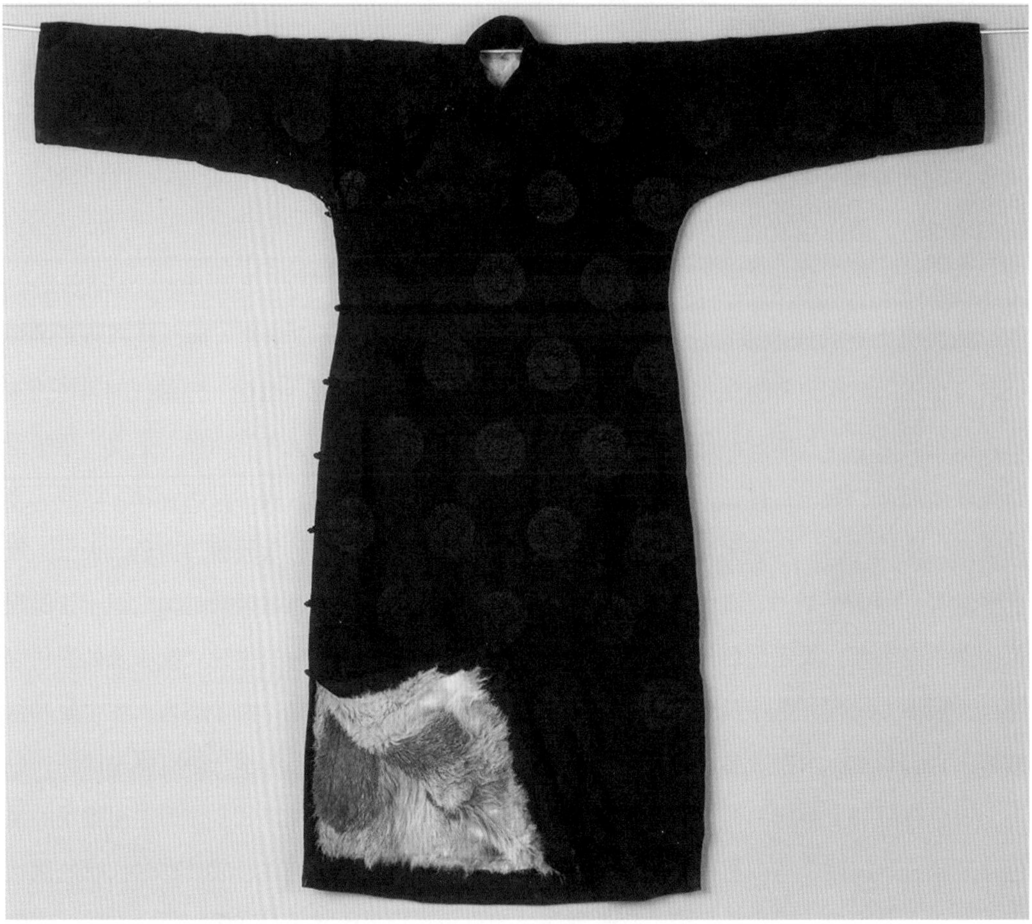

图2-87 传统黑色旗袍

（2）用于服饰搭配的黑白色

《考工记》作为我国最早的一部工艺设计著作，其中记载了我国古代的配色观，其中有相当一部分与黑白色相关。作为无彩色系中的两极色，黑白两色充当搭配色或者调和色具有极大的优势，它们不仅可以用来协调对比色，还可以作为“内衣”与有彩色外袍进行合理搭配（图2-88、图2-89），产生无穷的韵味与艺术魅力。历史中利用色相、彩度、明度等对比原理匹配色彩有：青配黑、红配白、白配黑；汉代女礼服为皂色配纯色，还有汉马王堆出土的白襦配红裙；宋代是青衣皂缘；明代是兰袍黑缘；贵族女性婚礼礼服曾偏好红配黑；还有传统色彩观中最受文人雅士青睐、以淡雅著称的白配青等，可见黑白色普遍应用于古代服饰色彩搭配中。

由于黑白两色是两种极端色，黑色收缩白色扩张，二者在明度上差别也是最大，所以黑白搭配是一种绝对明度对比的配色方式，比与别的颜色搭配更能给人强烈的视觉效果（图2-90、图2-91）。在我国古代祭祀最常用的玄衣，也作为卿大夫的命服，就是一种黑多白少的搭配，这种配色显得庄重沉稳，适合出席祭祀等正式场合；古人常穿的黑缘白袍则

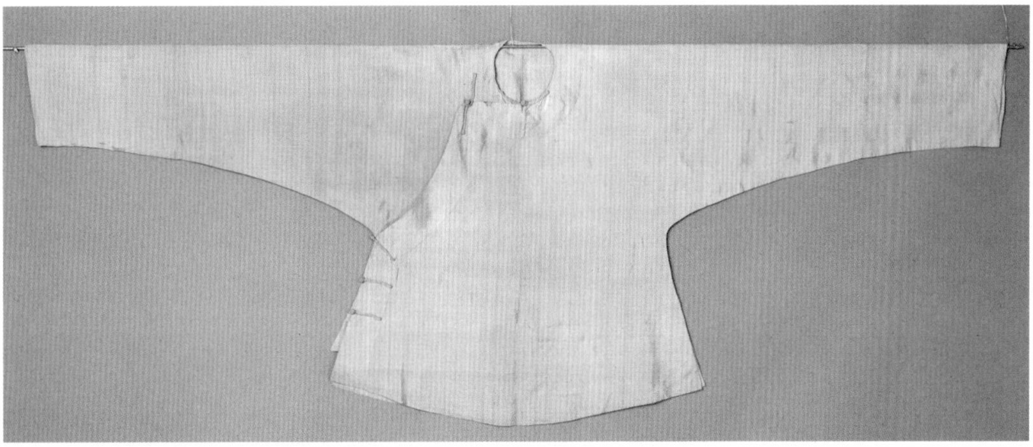

图2-88　传统素衣

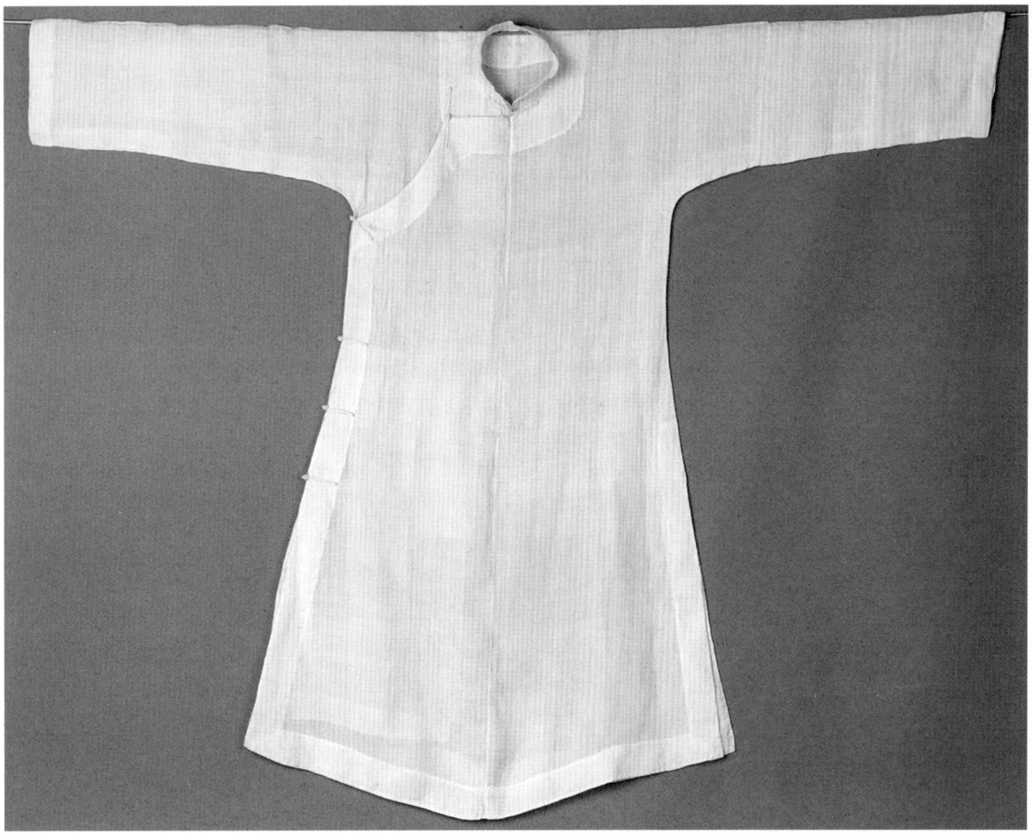

图2-89　传统素袍

白多黑少，具有清新洒脱的书卷气息，为众多文人墨客所青睐。

（3）用于丧葬礼俗的黑白色

在汉民族的传统民俗文化中，黑白两色还具有一项特殊用途，特别是白色的象征符号意义，尤其表现在其与丧葬礼俗的关系中。

图2-90 传统坎肩上的黑白配

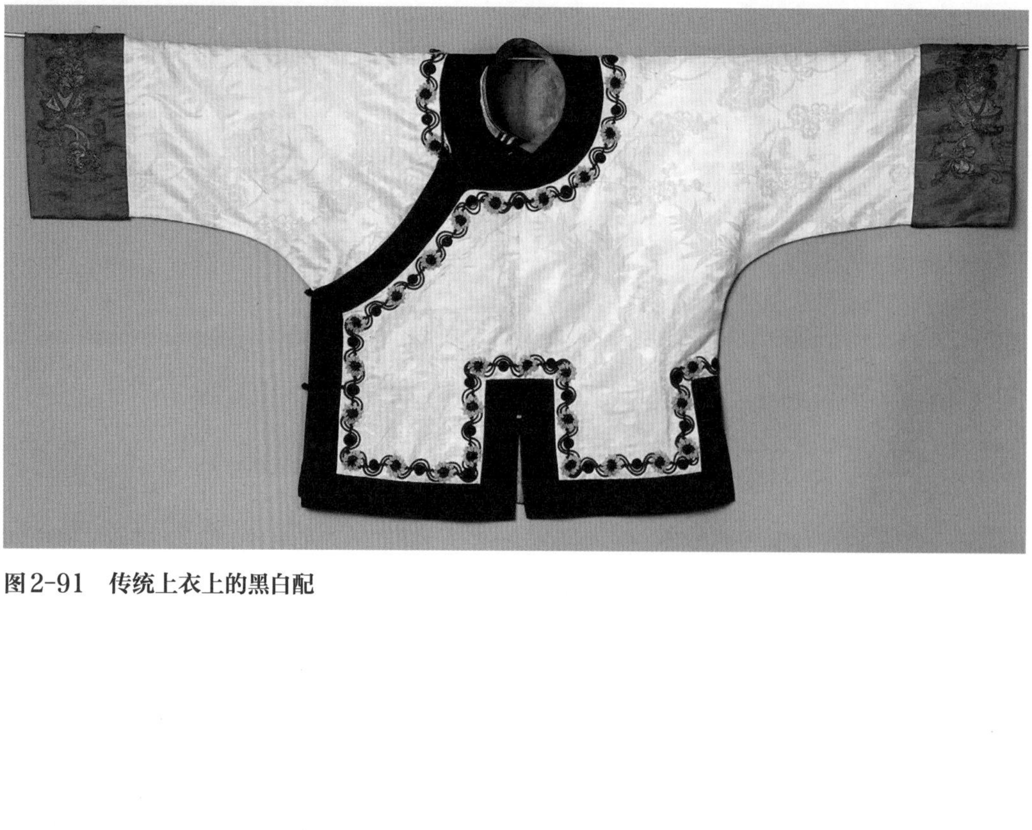

图2-91 传统上衣上的黑白配

在上古社会，祭祀、兵事、丧事为部族的重大事件，在这些神圣的场合，是一定要用本部族最崇尚的色彩。奴隶社会初期，夏朝人以黑色为贵，丧事时多在昏黑的夜晚进行，征战时乘用黑色的战马，祭献时用黑色的牺牲等。春秋时期，晋国也有以黑色作为丧服的习俗。相传晋文公重耳在位时励精图治，开创了晋国的霸业，深受民众爱戴。其逝时，秦国出兵偷袭晋国的附庸郑国，此时晋国举国还在服丧，悲痛中的士兵将相愤慨异常，誓与秦军决一死战。然而新君还穿着孝服，此刻出兵不宜戴孝，于是将孝服染黑，带兵出征，并大破秦军。为了显示战功，新君穿着染黑的孝服给晋文公举行了葬礼，这一做法一经流传，晋国民众纷纷效仿，后以黑色作为孝服。而晋国灭亡后，黑色孝服的现象渐渐消失，但参加葬礼的来宾还是多穿黑色，以表示对死者的哀悼。

但纵观华夏民俗历史，相对于黑色，白色在丧葬礼俗中具有更为充分的表现和更为广泛的应用，自周代始，中国丧服开始使用“素服”，即素衣、素袍、素裳、素冠等，多为白色，并有五服制度，即按服丧重轻、做工粗细、周期长短，分为五等：斩衰、齐衰、大功、小功、缌麻。在当时，丧礼中不仅要求丧服是白色，而且不能穿黑色的衣服，也不能戴黑色的帽子。白色孝服一直使用到清代，寡妇虽然穿黑色的裙子，然而在丧礼上仍需要著白色的丧服。

整体观之，中国人主要以白色为丧服之颜色。[1]传统丧服的“尚白”现象深深根植于民族的传统文化态度和心理意识之中的。从“五行色”理论看来，白色枯竭而无血色、无生气，象征着死亡与凶兆。联系“五方”看来，西方为白虎，属于刑天杀神，主萧杀之秋，因此古人常在秋季征伐不义、处死犯人，以顺应天时。白色也因此有了丧俗禁忌之说，“丧事”常被委婉称为“白事”，在服丧期间孝子需穿白色孝服，主家还要设白色灵堂，吃“白饭”，出殡时打白幡、洒白钱等。可见白色在民间丧葬礼俗中的严肃地位及广泛应用。

总而言之，黑白在传统配色观中占有相当重要的地位，并深深地影响到后人。古人以穿着黑白为美或善于利用黑白色与彩色系进行调和、对比，使衣着更显得体与美观。随着时代脉搏强弱变化，黑白两色以其神秘、高贵、清高、洒脱的性格无可替代地逐渐变成大众色、平民色，也成为我国历史上永恒的色彩风格。

课后思考练习

1. 调研并分析现代服饰与传统服饰在衣身、衣领、门襟等结构设计上有何差异性。
2. 传统服饰纹样的“言必有意，意必吉祥”对现代服饰图案设计有哪些启迪？
3. 对比中华传统色彩理论与现代西方色彩理论之间的异同，并从色相命名的角度思考中华传统色彩的文化意蕴。

---

[1] 胡玉华. 中国丧服尚白礼俗[J]. 寻根,2007(2).

第二节 传统服饰中的非物质文化基因

学习目的和能力要求：

传统服饰艺术凝结了历代造物者的思想情感，汇聚成民族独有的文化特色，其中的造物思想对当今的时尚服饰设计仍然有积极的参考意义和研究价值。使学生了解传统服饰文化中所蕴含的传统造物理念，在造型与技艺中发掘传统造物的思想源泉，找出造物艺术中存在的规律性。

学习重点和难点：

能够运用非物质文化基因中的相关装饰技艺和造物思想，结合当下流行元素，进行现代服饰的创新时尚设计。

非物质文化基因，是以人为媒介和载体的非物态基因，在服饰中则主要表现为服饰及其面料的装饰工艺。这些染织刺绣艺术经典，精、细、雅、洁，工艺细腻，纹样图案设计典雅，视觉装饰效果浓郁，蕴含着坚韧执著、精益求精的工匠精神，折射出诸多造物思想法则，是现代设计的滥觞。

一、织染绣的装饰技艺基因

织染绣是织造、印染、刺绣的统称，意指纺织服饰面料材料、组织、结构、色彩及图案纹饰形成的工艺，我国传统织染绣技艺精湛，源远流长，如夹缬（蓝印）、蜡缬（蜡染）、绞缬（扎染）、灰缬等是传承千载的染色技艺；云锦、宋锦、蜀锦、缂丝等精彩绝伦的面料织造方法；平绣、盘金绣等各地域各式刺绣装饰技艺，也是经过数十代人的不断完善而传承至今。

（一）巧夺天工的织造技艺

中华传统织造技艺巧夺天工，主要包括丝绸织造及棉织技艺。中国传统丝织品有绢、纱、绮、绫、罗、锦、缎、缂丝等。现代丝织品则依据组织结构、原料、工艺、外观及用途分成纱、罗、绫、绢、纺、绡、绉、锦、缎、绨、葛、呢、绒、绸14大类。丝绸织造，即丝织工艺，是将生丝作为经丝、纬丝，交织变化制成丝织品的过程。

1.织锦技艺

织锦是用染好颜色的彩色经纬线，经提花织造工艺织出图案的丝织物（图2-92）。丝织提花技术起源久远，早在3000多年前的殷商时代中国已有丝织提花织锦；随后的周代丝织物中出土的织锦，其花纹五色灿烂，技艺臻于成熟。汉代设有织室、锦署，专门织造织锦，供宫廷享用；三国时四川蜀锦成为主流。唐代贞观年间窦师伦的对雉、斗羊、翔凤等蜀锦图案，称为绫阳公样，在织造工艺上由经锦改进为纬锦，并出现彩色经纬线由浅入深或由深入浅的退晕手法。北宋宫廷在汴京等地建立规模庞大的织造工场，生产各种绫锦。元代是中国历史上大量生产织金锦的时代，宫廷设立织染局、织染提举司，机构庞大，集中了大批优秀工匠。明清两代织锦生产集中在江苏南京、苏州等地，除了官府的织染局外，民间作坊也蓬勃兴起，形成江南织锦生产的繁荣时期。织锦大多采用传统提花工艺和木制花楼织机，有些织锦因品种不同而有所区别。如宋锦采用通经回纬工艺，即分段调换彩色纬线，使色彩更加丰富。

图2-92　织锦缎

传统织锦品类比较知名的有四川蜀锦、苏州宋锦、南京云锦、杭州织锦等。清代吴村梅有一句诗用来描写南京云锦：“江南好，机杼夺天工，孔雀妆花云锦烂，冰蚕吐凤雾绡空，新样小团龙。”云锦图案布局严谨，富有装饰性，工艺独特，用老式的提花木机织造，必须由提花工和织造工两人配合完成，两个人一天只能生产5~6厘米，这种工艺至今仍无法用机器替代。云锦主要特点是逐花异色，从云锦的不同角度观察，绣品上花卉的色彩是不同的。喜用金线、银线、铜线及长丝、绢丝以及各种鸟兽羽毛等用来织造云锦，华彩四溢，华美至极，是中国皇家的御用织锦，代表了织锦工艺的最高水品。

提花工艺通过经线、纬线的交错织成各式各色花纹（图2-93），提花面料可用作家纺用料和服装面料。提花面料织造时用经纬组织变化形成花案，纱支精细，对原料要求极高。面料密度高，使用起来不变形，不褪色，舒适感好，有柔软、细腻、爽滑的独特质感，光泽度好，悬垂性好，色牢度高。大提花面料的图案幅度大且精美，色彩层次分明立体感强，而小提花面料的图案相对简单，较单一。

图2-93 提花织物

2.缂丝技艺

缂丝又称“刻丝”，是一种运用通经断纬的织造方式，使丝绸面料具有犹如雕琢镂刻的效果，且富有双面立体感（图2-94）。缂丝已经成为“世界非物质文化遗产”之一，具有两千年的悠久历史，富有极其深厚的文化艺术内涵。

缂丝织造技艺主要是使用古老的木机及若干竹制的梭子和拨子，经过“通经断纬”，将五彩的蚕丝线缂织成一幅色彩丰富、色阶齐备的织物，在图案轮廓、色阶变换等处，织物表面像用小刀划刻过一样，呈现出小空或断痕，“承空观之，如雕镂之象”，因此得名“缂（刻）丝”。

图2-94　清代缂丝坎肩及缂丝组织结构

缂丝能自由变换色彩，缂织彩纬的织工须有一定的艺术造诣。缂丝织物的结构则遵循“细经粗纬”“白经彩纬”“直经曲纬”等原则，即本色经细，彩色纬粗，以纬缂经，只显彩纬而不露经线等，由于彩纬充分覆盖于织物正面，织后不会因纬线收缩而影响画面花纹的效果。

3.色织土布

土织布视觉效果丰富，富有浓郁乡土气息，深得广大民众的喜爱，长江下游一带棉织土布品类丰富，织造技艺成熟，民间流传的土布图案花型多达200余种，数百年来，当地农民男耕女织，“家家习恒为业”，史有“木棉花布甲诸郡”之称。以南通土布为例，在19世纪末，南通土布便以其精湛的手工织造、独特的工艺技术以及粗厚坚牢、经洗耐穿的特性享誉海内外，称为地方一大特产。南通土布以当地天然原棉为基础材料，以手纺手织为其产品主要特征，纺纱、摇筒、染色、牵经、络纬、穿综、嵌筘及投梭织造等工序都保留了较原始的方法。传统的南通土布大致可分为两类：即白坯布和花式土布。花式土布又分青花布（青布和蓝印花布，属于印染技艺）和色织土布，花式土布是南通土布中的精华，代表了南通土布染织工艺的最高水平，南通花式土布经过数百年的传承与创新，在不断吸收外来技艺的基础上形成了自己的独特风格。

民间流传的色织土布品种多达六大类数百种，典型土布纹样有蚂蚁、柳条、桂花、金银丝格、芦纹系列，以及双喜、绣球、竹节、枣核、葡萄等提花锦毯类经典纹样，是“我国当今土布存世数量最多、保留品种最丰富、反映织造技艺最全面的传统棉纺织染织工艺的杰出代表，是中国民间染织工艺的历史活标本”❶。南通土布采用旧式木机手工织造，图案

❶ 姜平.南通土布的历史传承与贡献[J].博物苑,2006(2):86.

丰富多彩，技艺精湛，并以其清新素雅、秀丽端庄的艺术风格彰显地方特色，散发着浓郁的民间生活气息（图2-95）。

图2-95　南通土布

（二）多彩多姿的印染技艺

传统民间印染技艺是中国民间艺术的一朵奇葩，在世界享有盛誉。人们在长期的生产实践中，掌握了各类染料的提取、染色等工艺技术，制作了丰富多彩的各类纺织品，特别是彩印花布、蓝印花布、包袱布等。

1.蓝印技艺

中华传统印染工艺自先秦发源，经过了直接印花、防染显花和浸染等多种形式的流变。蓝印，采用的是传统的镂空版白浆防染印花技术，具体有灰缬蓝印、蜡缬蓝印、绞缬蓝印和夹缬蓝印工艺，是一种曾广泛流行于民间的古老手工印花技艺，其中灰缬蓝印最为流行[1]。蓝印所染之布称靛蓝花布，俗称“药斑布”“浇花布”，距今已有一千三百多年的历史。最初的蓝印花布以蓝草为染料印染而成，在白布上用天然蓝色进行“分蓝布白”的自然界动植物纹样的艺术创造，形成许多自然的蓝、白相间的冰纹是它的主要特征，很自然使人

[1] 崔荣荣，陈宏蕊，王志成．传统灰缬蓝印的工艺及其造物思想考析[J]．丝绸，2020,57(01):81．

们联想到天空、河流、海洋、生物，让人们体悟到东方的沉静、开阔、可亲、温柔的感觉。蓝印在普通的棉布上构成了多姿多彩、寓意古象的纹样，质朴素雅、含蓄优美，饱含着浓郁的乡俗民情（图2-96、图2-97），作为我国民间家用纺织品艺术被广泛创作，反映着百姓喜闻乐见的事物，寄托着人们对美好生活的向往与追求。

图2-96　传统蓝印花布

图2-97　包袱布上的蓝印花

2.彩印技艺

彩印花布的色彩对比强烈，具有欢乐喜庆的气氛，表现出人们纯朴、坚毅和爽朗的性格。山东人民对乡土印染花布十分热爱，它是深深扎根在泥土中有生命力的艺术花朵。现在农村遇到嫁娶、祝寿、走亲戚等喜庆事，还是离不开这种具有浓郁乡土气息的包袱、门帘、帐檐等彩印花布。所以，彩印花布至今在民间还有生产，仍不能为现代机器生产的花布所代替。民间彩印花布的纹样多是花、草、鱼、虫，这些图案反映了人们的思想、感情和心理愿望。彩印花布的图案构成，大体是由单独纹样、折枝散花、团花、二方连续、四方连续等几种形式组合而成，画面完整饱满，色彩鲜艳夸张，具有强烈的对比性，层次分明，富有动感（图2-98）。

图2-98　传统彩印花布

3.烂花技艺

丝绒织物常用烂花工艺，是在两种或两种以上纤维组成的织物表面印上腐蚀性化学药品经烘干、处理使某一纤维组分破坏而形成图案的印花工艺。这种花纹或凹凸有序，或呈半透明状，装饰性强（图2-99）。也可以在印浆中加入适当耐受性染料，在烂掉某一纤维组分的同时使另一组分纤维着色，获得彩色烂花效应。

烂花的品质表现在烂花部位的透明度适宜和花型的轮廓线清晰，不渗化、不多花、不少花、不断线，花型美观、套版准确。在烂花处理时，如果对存留的织物区域进行套边印花或套色印花，则可使花纹效果更加醒目。设计花型时，要避免过细过小的点、线、面，以防烂花时出现丢花、花型轮廓线渗化的弊病；对于烂印结合的花型，在烂花与印花部位

图2-99 烂花织物

接线时，应注意留有适当间隙，以防止烂印时烂花浆与印花浆的互渗，破坏花型的效果。

（三）纤毫毕现的刺绣技艺

刺绣，指的是运用手针与各种丝线、棉线或者绒线在面料上进行不同方法的穿刺，并形成花鸟鱼虫等图形纹样或者文字图案的一种技艺手法，是我国传统服饰上的主要装饰艺术手段，针法丰富、色彩典雅、绣艺精湛、源远流长。故而，刺绣被视为东方手工技艺的典型代表，具有代表性的四大名绣是苏绣、粤绣、湘绣、蜀绣，其他地方也根据自身文化特色衍生出较多特色刺绣，有京绣、汴绣、鲁绣等不胜枚举。刺绣的针法工艺主要分为以下几类：平绣、打籽绣、贴布绣、盘金绣、锁绣等。

1.平绣

平绣，也称“细绣”，是刺绣最基本的手法，是在平面底料上运用齐针、抢针（戗针）、套针、擞和针（长短针）和施针等针法进行的一种刺绣，针法紧密工巧，线色丰富调和、绣面整齐工整、细致入微、富有质感，服饰品上多采用平针绣进行装饰，图2-100是选取枕顶上绣的花鸟图案，主要采用的是抢针和套针手法，退晕自然，布面平整，淡雅协调，风格清秀。

2.盘金绣

盘金绣，是将金线（民间常在棉线外裹上假金而成，而宫廷用金线和银线相捻而成）盘绕组成预先设定的图形，再用绣线将其钉固于面料上的针法，效果略微凸起、生动而有一定的立体感，同时由于金色的反光效果，盘金绣的装饰使得服饰品呈现出雍容华贵的艺术效果。图2-101是绣片上的盘金绣，金线被紧密地排成波浪形，再用绣线加以固定，盘金绣增加了服装的富贵之感，常用于婚礼服的装饰之中。

图2-100　枕顶上的花鸟平绣

图2-101　传统纺织品上的盘金绣

3.打籽绣

打籽绣，又称结子绣或环绣，传统刺绣针法是用线条绕成粒状小圈，绣一针，形成一粒“籽”状，故名“打籽”。打籽绣颗粒结构变化多样，用线可细可粗，打籽有大有小，是一种非常实用的绣法。刺绣时将绣线在针上绕一圈，然后在近线根处刺下，形成环状小结。图2-102是儿童肚兜，绣的是器物纹样及武松打虎，纹样以点构面，绣制时需要特意将点捻实，才能更好地体现打籽的质感，可密可稀，具有肌理感。此外，上衣下裳及荷包等服饰品上也常采用打籽绣进行装饰，通过与其他刺绣技艺组合使用，层次丰富，质感较强。

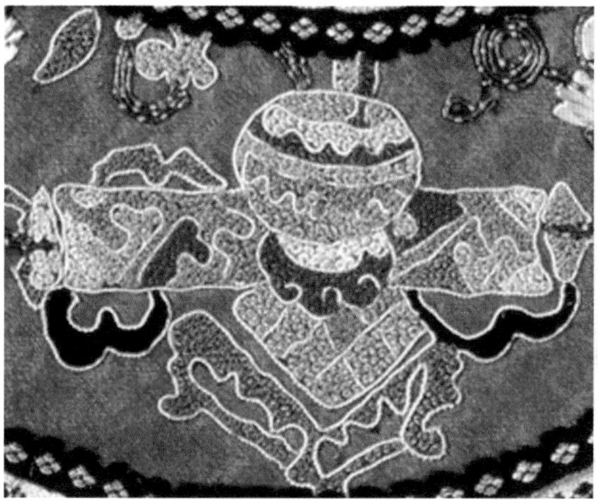

图2-102　肚兜上的打籽绣

4.挑花绣

挑花绣又称十字绣，主要是选用平纹组织底布，利用布丝绣出有规律的花样来。一般按横竖布丝作十字挑花，经纬清晰，其针法十分简单，即按照布料的经纬定向地将同等大小的斜十字形线迹排列成设计要求的图案。由于其针法特点，十字绣的纹样一般造型简练，结构严谨，具有浓郁的民间装饰风格，常用于服饰品中，图2-103是挑花绣肚兜和挑花绣荷包。

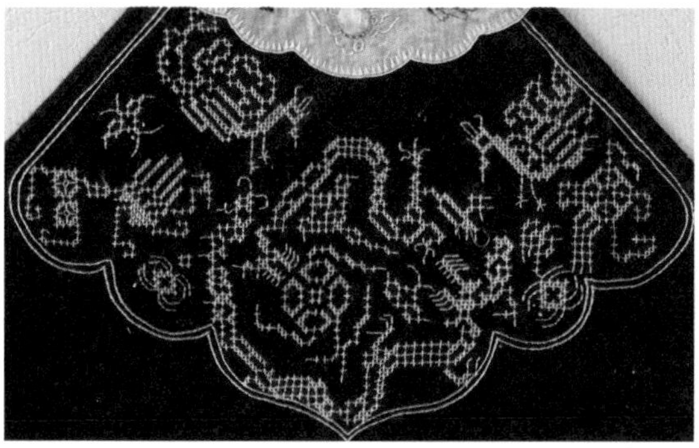

图2-103　肚兜上的挑花绣和荷包上的挑花绣

5.贴布绣

贴布绣，是一种古老形式的刺绣形式，源于在破损衣物上的缝补，后经巧手制出花样补在衣服上，即布贴。传统贴布绣是通过剪样、拼贴成各成图案，然后用针线沿着图案纹样的边锁绣在一块底布上，是具有浅浮雕效果的民间实用品，也称补花。图2-104是坎肩背部的贴布绣，老虎纹与植物瓜果组成团纹。图2-105为纺织品上的贴布绣，一对童男童女环抱一棵石榴，寓意多子多福。

图2-104　坎肩上的贴布绣

图2-105　纺织品上的贴布绣

6.珠绣

珠绣是用线穿珠钉缝，按照一定的次序、规则与方向排列在绣地上组成图案的刺绣装饰工艺。珠绣作为刺绣一种，在我国古代早期便已存在，距今已有数千年历史。清代以前，鉴于材料的昂贵性，珠绣主要应用于皇室贵胄以及宗教服饰之中，作为华贵和奢侈的表征。近代以后逐渐世俗化，珠片也逐渐由塑料等工业制品取代，形状一般有环形、球形、扁圆形、椭圆形、扁平小圆片等。珠绣装饰可以使简洁沉闷的服装变得耀眼，具有珠光灿烂、绚丽多彩、层次清晰、立体感强的艺术特色，经光线折射又有浮雕效果（图2-106、图2-107）。

二、传统服饰的造物思想基因

传统造物思想是民间在造物实践中，才能和智慧的结晶，寄托着我们民族的理想与追求。传统造物思想既包含在造物过程中所折射出的生产者和使用者的思想，也包含物在制造完成后，在社会生活中所表现出的社会伦理和人文思想内涵。服饰是真正的传统文化的

图2-106 [清代] 龙袍、衮服上的珠绣技艺 |（故宫博物院藏）

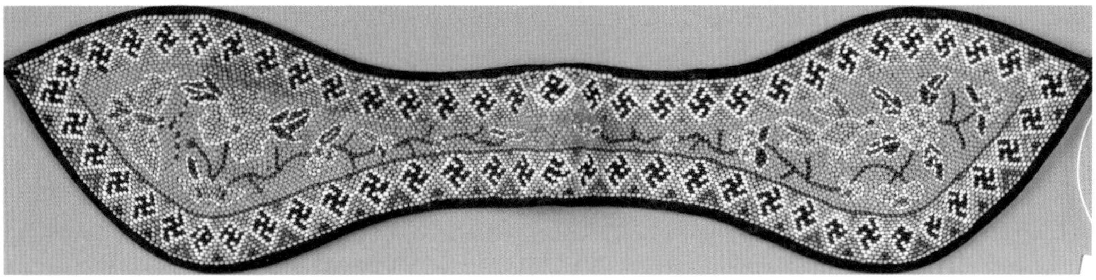
图2-107 [近代] 眉勒上的满地珠绣

载体，解读传统服饰文化中所蕴含的传统造物思想，品味服饰的艺术文化价值，从中挖掘出我国民族性和历史性的造物观，来加强对传统文化的思想和对生命造物的关照❶。

（一）“重己役物、致用利人”

“重己役物、致用利人”强调物的功能性原则，是以人为服务主体。人类使用服饰的初期，《白虎通义》中指出：“太古之时，衣皮苇，能覆前不能覆后”，原始人用树叶或兽皮围在腹下膝前是早期服饰造型。在人类文明不断发展的过程中，传统服饰的功能需求也呈现出多样性和层次化趋势，从生理需求、生存需求的实用功能走向适用、巧用，以更好地满足增长的需求。

举例来讲，中国传统内衣肚兜中，有很具典型特色的“兜”附有口袋设计，可以贮物、贮香、贮药，这种肚兜具有卫生保健效能（图2-108）。徐珂在《清稗类钞•服饰类》中这

❶ 刘群.传统服饰中造物思想的探析[D].江南大学,2010,43.

样介绍："肚兜，夏纱冬绉，贮以麝屑，缘以襟缘，乍解罗襟，便闻香泽，雪肤绛袜，交映有情。""腹为五脏之总"，以姜桂等中草药装入兜内，可治腹冷、腹寒、腹痛等疾病；以麝屑或其他香料贮于兜中，便可"流溢香泽"。而且在肚兜的形制制作中，口袋的材料和工艺制作都力求与整体的款式结构浑然一体，口袋的不同形态分割处理与衣片的结合颇具匠心，防止因口袋悬垂而影响穿着，既保健又舒适。并通过变化无穷的纹样将缝合处遮藏，还起到一定美化装饰的作用。

图2-108　传统肚兜上的口袋设计

（二）"审曲面势、各随其宜"

"审曲面势、各随其宜"提倡设计要适于人们的生活方式，如建筑因地制宜理论，服装同样也需要与人们的生活习俗和社会活动相协调。从传世的清代袍服中，我们可以看到紧且窄的袖口，连接半圆形造型的"袖头"（因形状类似马蹄，也称"马蹄袖"），这种袖口设计重要的实用功能是冬天可以将袖口翻下覆于手面，御寒护手，利于骑射。这是马背上的民族特有的服饰特点，他们多年来主要散居在海拔较高的黑龙江、松花江流域，冬季严寒，山顶积雪，他们过着半农半牧的生活，马蹄袖的出现是当地气候、人们生活方式等因素影响的直接反映。马蹄袖最初设计时主要发挥实用功能；后期作为朝服、官服时，从马蹄袖头的图案与长袖的色彩设计看，已经越来越富有强烈的装饰意味（图2-109）。在马蹄袖的设计上，我们了解到古人的造物思想中实用价值与审美装饰的相互结合。

（三）"巧法造化"

"巧法造化"注重人与自然的和谐，民间手工艺向自然界吸取灵感，即"师法自然"。仿生设计的文化内涵正是符合了这样的哲学观，也可以说是遵循了一种自然的发展规律，服装设计的仿生理念与中国的"天人合一"哲学思想是相一致的。

图2-109　清代龙袍上的马蹄袖设计

举例来看，云肩，其造型便是源于对自然界的模仿，是对自然云形的物化（图2-110）。云肩上的图案题材大多直接或者间接来自人们对自然界形象的模仿和抽象概括，如飞禽走兽、花鸟虫鱼等。柳叶形云肩是师法自然的典型，形状取法自然界中柳叶的造型，运用叠加方式，上下两层，上小下大，层层叠叠，丰满充盈。在云肩的布局安排中，规律见节奏，繁复见秩序，整体呈现协调端庄的美感。云肩的艺术特征充分体现了道法自然、天人合一的造物理念：首先，云肩的取材、制作、颜色、图案都是取法自然界的物象；其次，云肩的造型、结构、装饰等，无不体现道法自然的尺度，人们赋予其象征美好的喻义，如四合如意云肩等，蕴含了深厚的民族文化底蕴。

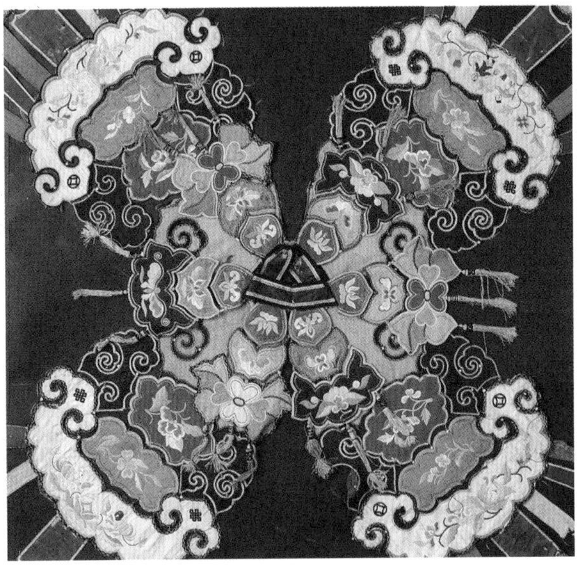

图2-110　传统云肩的仿生设计

（四）“技以载道”

重视道与器的统一，即工艺技术、技巧与社会文化、艺术背景结合。如设计巧妙的鸭形铁熨斗（图2-111），采用了民间传统的鸭浮于水的艺术造型——鸭颈和鸭体中空相通，可纳烟尘；鸭嘴张开，开口处高为3.5cm，长为6cm，具有导烟功能，当鸭体内加入木炭时，鸭子吐气，神形兼备，富有情趣；通体优美，便于提扣的小鸭形扣盖，构思设计精巧合理，既实用也符合科学原理；两条扭造铁提手，造型尺度也比较适中，高10cm，跨度13.5cm，符合人体工程学的尺度。熨斗整体惟妙惟肖，充满艺术的生活气息，而且可作室内陈设品，体现了卓越的设计艺术构思，达到了功能与形式的完美统一。

图2-111　传统熨斗的造型构造

（五）“文质彬彬”

“文质彬彬”是中华传统服饰的总体特征，孔子（图2-112）于《论语·雍也》中提出：“质胜问则野，文胜质则史，文质彬彬，然后君子。”东汉包咸注：“彬彬，文质相半之貌”，意思是人既要文雅有修养又要朴实贴近生活。“文质彬彬”表现在服饰上，是指服饰在使用功能、装饰细节上，重点营造出服饰的整体风格与穿着者的品性一样有礼有节，以及与所处社会文化环境的有机结合与和谐统一。

图2-112　孔子形象石刻清代拓本

（唐代吴道子《先师孔子行教像》）

如传统作裙和围裙，是流行于长江下游江南水乡地区的民间妇女喜爱的日常服装形式，是水乡人民在长期劳作过程中结合劳作需要而创造的，具有独特的服装拼接和缝制工艺，服装形式功能巧妙地适应和融合了水乡地域的“稻作”文化及环境氛围，集自然、舒适、保暖、适用、美观于一体，蕴涵了浓郁的地域文化的审美特性、习俗，体现着民间服饰的传统工艺美学思想。

课后思考练习

1. 中华传统服饰装饰基因有哪些？如何在现代设计中实现可持续？
2. 在现代倡导建设资源节约型、环境友好型社会背景下，如何重新解读传统服饰中的造物思想？
3. 探索并传承传统服饰的节用工艺、挖掘其背后的文化底蕴和独特的审美价值，对于现代服饰设计具有什么样的意义？
4. 思考现代生活方式下中华传统服饰艺术文化基因的选择、保留、解构、改良及创新等问题。

本讲拓展阅读书目

[1]张维纳.中国传统服饰文化与设计研究[M].西安:西安交通大学出版社,2020.

[2]吴欣,赵波.汉族民间服饰谱系:臻美袍服[M].北京:中国纺织出版社,2020.

[3]牛犁,崔荣荣.汉族民间服饰谱系:绣罗衣裳[M].北京:中国纺织出版社,2020.

[4]胡玉丽.中国民族服饰及其传承创新研究[M].江西美术出版社,2019.

[5]沈从文.古物之美[M].南昌:江西人民出版社,2019.

[6]张媛媛,成国良,孙振可,等.中国传统服饰文化与装饰工艺品研究[M].北京:中国纺织出版社，2018.

[7]崔荣荣.汉民族民间服饰[M].上海:东华大学出版社,2014.

[8]汪芳.中国传统服饰图案解读[M].上海:东华大学出版社,2014.

[9]陈美怡.时裳图说中国百年服饰历史[M].北京:中国青年出版社,2013.

[10]兰宇.中国传统服饰美学思想概览[M].西安:三秦出版社,2006.

第三讲 中华服饰体系的构建——创新设计体系的解码

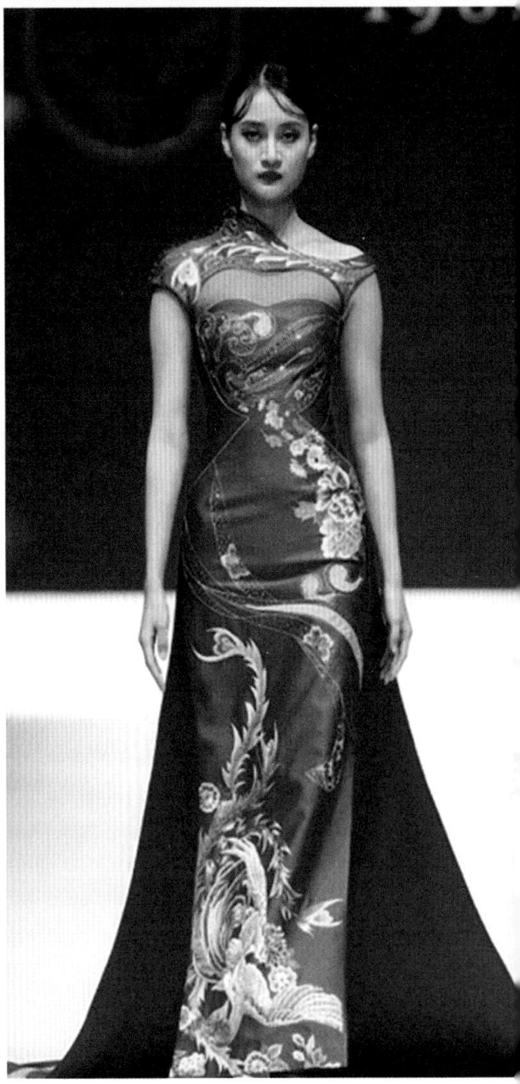

第一节　中式服装的称谓及中华服饰体系的构建

一、传统服饰的现代称谓和表现形式

学习目的和能力要求：

通过学习传统服饰的称谓及华服体系的构建，向世界展现中国几千年的灿烂服饰文化，需要学生通过扎实的艺术造诣、精湛的设计技巧和敏锐的审美眼光，掌握当代中式服饰创新设计体系的构建，注重理论和实践的结合。

学习目的和能力要求：

运用现代创新的手法，将传统中式服饰进行重组和变革，既要展现中国传统的审美精神，又要适应当代国人的审美和穿着习惯。

（一）中华民族服饰

中华民族服饰指能够体现出中华民族总体特征与面貌的服饰。从广义上指代包含汉族及各少数民族中具有民族特色的代表性服饰，如中山装、旗袍、袄、褂、袍、裙以及交领立领、斜襟对襟、缘边等包含这些元素和特征的服饰。我国各民族拥有各具特色的本民族服饰，中华民族服饰是概括、提炼、吸纳各民族的服饰特点以及文化元素，而构成的能够体现出全民族风貌的整体服饰体系。（图3-1）

（二）长袍和旗袍

袍，是直腰身、过膝的中式外衣，一般有衬里，男女皆可穿用，是中国传统服饰中重要的服装形制之一。袍的名称早在《诗经》《国语》中已经出现。在东周时期的墓葬品中，袍为直襟直筒式，交领、右衽、长袖施缘、下摆长大、束腰带，与深衣有相似之处。大约自汉代开始，襕（丫）苗也称袍。隋唐时期，袍服盛行。由西周时期开始形成的交领束腰深衣，至清朝偏襟系扣的长袍，虽然各个时期的袍服式样不尽相同，但主要特点都为宽衣肥袖，并在衣缘处镶边，可作外衣。民国时期的长袍多为男装常礼服形式，1912年民国政府开始推广新式服装，规定了新礼服的标准——常礼服有两种：一种为西式，另一种为传

图3-1　中华民族服饰体系涵括各民族服饰特色

统的长袍马褂，均黑色，料用丝、毛织品或棉麻织品，沿用传统服饰作为常礼服是恪守传统文化的一种表现。具体形制为立领宽身，细长直袖，右衽斜襟，下摆略圆，面料为丝绸、棉麻面料，里料有纱绉裘皮等，在领口、斜襟和侧缝处有6～9个不等的盘扣，整体造型由古代男子长袍传承而来。

旗袍，顾名思义，旗袍为旗人之袍。1919年沈涛和张謇合编的《雪宧绣谱》中的“绣备：绣之具”一卷中有记述：“绷有三：大绷旧用以绣旗袍，故谓之边绷”。此时旗袍袍身肥大，袍袖宽短，袖口、接袖、大襟以及下摆等处装饰有缘饰，其中镶、滚、绣、贴是最常见的装饰工艺形式。20世纪20年代以后袍受西方文化影响，形制逐渐发生了变化，衣身逐渐变小、变瘦、变得向合体发展，袖也向细长以及中袖、短袖和无袖发展，装饰也由绣花和滚边装饰向印花和滚边过渡（图3-2）。著名服饰史论专家包铭新把旗袍定义为：具有中国传统服饰元素的一件套女装（one-piece dress with Chinese costume elements），这里的中国元素包括立领、大襟、缘饰和图案色彩等。旗袍是中国近代最重要的、具有传统形式和韵味的女装形式。（图3-3）

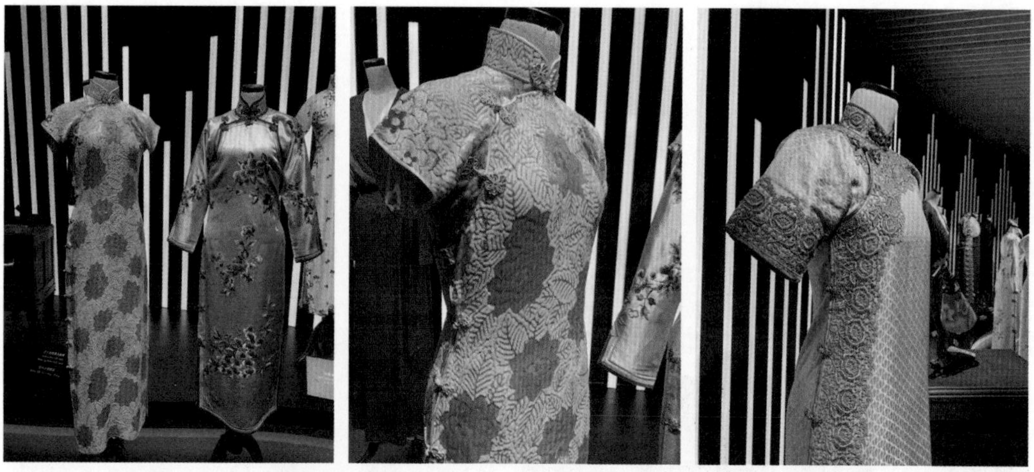

图3-2　1920年代以后的民国旗袍　|（张信哲藏）

图3-3 《月份牌》中穿着旗袍的民国女子形象

（三）中山装（民国国服）

中山装为孙中山先生“在粤就大元帅职后，一日拟检阅军队，欲服元帅装，则嫌其过于隆重不适于时，西服亦无当意者，正查阅行箧中，得旧日在大不列颠时所御猎服，颇觉其适宜，于是服之出。”“其后百官乃仿而制之，称之曰中山装，至今样式已略有变更，非复先总理初时所服者矣”（1929年5月14日发表于《北洋画报》的文章《中山装之起源》）。“上海孙中山故居纪念馆藏孙中山遗物翻领中山装的信息，其形制为翻领、对襟七颗门扣、四个有袋盖的贴袋、袖扣两颗。”《中山服初考》记载：“中山装的背面，其纵向一条竖缝，横向腰部偏上有一根高度5厘米左右的腰带，腰带固定在衣服上，竖缝从腰带下方起开叉。”❶中山装虽然原型提取自西式服装，但其款式发展经历了本土化的探索，传统元素和传统裁剪制作技艺融合在服饰中，在经过历史的重大变革后，中山装得到了绝大多数民众的认可。中山装的诞生改变了中国以袍服制一统天下的局面，中山装的流行也代表着中国人对传统服装观念的转变，是中国服装史上的一场变革。（图3–4）

图3-4　民国中山装的服饰特征

（四）唐装

唐装，是现代服装概念，有两种含义：一种是指“唐制汉服”，为汉代服饰传统在唐代所传承的特有款式，其特征为：“交领、右衽、系带”，款式多以“儒裙”“圆领袍”的唐代形制出现；另一种含义是泛指“中式服装”，特征为“立领、盘扣、对襟”，如同“唐人街”的概念，在海外泛指中国人的传统装束。

（五）新唐装

“新唐装”，特指2001年上海APEC会议时中外领导人服饰，是提取了传统清代对襟马褂的元素，并将传统元素与西式剪裁相融合改良而成的新中式上装。“新唐装”款式的主要特征为：“立领、对襟、盘扣、接袖”。在面料选择上以织锦提花缎为主，提花花型以散点式团花为主，是采用传统元素构成适合纹样，并在边缘处饰以不同颜色的镶边。

（六）华服

《左传·定公十年》疏云：“中国有礼仪之大，故称夏；有章服之美，谓之华。”可见“华”本有华美礼服之意。因而“华服”可理解为两方面含义：狭义的“华”，可理解为古代的华夏，“华夏”成为早期中原主源民族及周边往来频繁的各支源少数民族的共同称呼，

❶ 朱博伟，刘瑞璞．翻领中山装创制考辩[J]．装饰，2020(12).

此时“诸夏”还是一个个分散的、不统一的民族，是处于以中原民族为主体的早期国家形成阶段，故“华夏服饰”可理解为“古代中原礼仪服饰”。

广义的“华”，则指包含有56个民族的传统服饰元素的“现代中华礼仪服饰”，华服涵盖了全国各民族的服饰精萃，包括以旗袍、苗服、藏服等各民族典型服饰、典型织绣工艺、典型纹样等为华夏服饰元素的代表。从广义上来讲的“华服”与“中式礼服”的含义基本相同，强调中华民族礼仪之重、服饰之端、章纹之美、工艺之精。（图3–5）

图3-5 现代服装品牌的华服设计 |（NE·TIGER2015明·礼高定系列）

（七）汉服与汉民族服饰

汉服，此两字的出现古已有之。《汉书·西域传·渠犁传》中记载为“衣裳”“汉衣服”，《清史稿·宋华嵩传》中记载为“汉衣冠”“汉装”，《新唐书·吐蕃传》《旧唐书·回纥传》中则称“华服”“唐服”等。

“汉服”，在21世纪初成为新兴词汇，可意为汉民族传统服饰的概括性简称，其定义一直争议不断，有广义与狭义之分。广义性汉服，指代从“皇帝垂衣裳而治天下”以来的所有历史上出现过的古代汉族服饰，同时也泛指中华传统服饰中包含汉民族传统服饰特征的“华服”或代表中国人的“民族服饰”。而狭义性汉服，是指从汉代至清代各朝代中汉民族的传统服饰，具有独特的汉族文化风格特点，是有区别于其他少数民族服装的民族服装之一。

“汉服”总体特征为“上衣下裳、交领右衽、系带隐扣、宽袖博带、束发戴钗冠”，在普遍西化的现代服饰语境中体现出衣冠礼仪的古着之美。“汉服”发展至今，已在中国各地形成了许多民间汉服社团组织，不同地域的汉服社活动也具有地域差异性，随着时代潮流发展与文化热点的不同，“汉服”的形制在喜好选择上也具有一定的差异性。“汉服”流行初期以汉代服饰形制为主，近年来的流行趋势则喜明代形制，如以“马面裙”“云肩”为主，为满足汉服群体的需求，制作汉服的服饰品牌也如雨后春笋般蓬勃发展起来。（图3-6）

图3-6 “汉服”流行趋势 | “十三余”汉服品牌

（八）新中装

以2014年APEC会议的领导人服饰形象代表，形成了以中国传统服饰文化为元素的新形象，这种新式服装从体型、气质、意蕴上均符合中国人的新形象，成为新时代诞生的新中装，其根为“中”，其魂为“礼”，其形为“新”，合此三者，谓之“新中装”。新中装在款式上借鉴了西式礼服套装的国际审美惯例，融入了中国历史上的经典款式，在面料、纹样、配饰上选取了中式意蕴的元素，集合全国服饰专业设计力量，共同完成具有中国传统服饰文化的“新中装设计”。（图3-7、图3-8）

图3-7 2014年APEC会议国家领导人服饰征集意见稿
（江南大学设计方案效果图）

图3-8　2014年APEC会议国家领导人服饰系列

二、中华服饰及其创新设计体系的构建

（一）中式服装的界定

具有典型中国传统服饰文化元素和民族特点的“中式服装”，同时也为“西式服装”体系为主的现代国际场合所普遍认知。

汉服：古代汉民族服装传统+现代汉民族传统服装

少数民族服装：古代少数民族服装传统+现代少数民族传统服装

民国中式服装：旗袍、马褂、中山装等中式融合服装（满汉融合、中西融合）

唐装：近现代海外华人常于节庆等场合穿着的中式民族传统服装

新唐装：2001APEC会议男领导人及夫人、女领导人服装系列

华服：现代高级定制设计的中式民族传统礼仪服装

新中装：2014APEC会议男领导人及夫人、女领导人服装系列

中式服装：汉服+少数民族服装+民国中式服装+现代中式服装（唐装+新唐装+华服+新中装）

（二）中华服饰体系

以上述中式服装为基础的，并涵盖之后设计的各式华服特色服装，共同构建而成中华服饰体系。

“中华服饰体系”，指蕴含数千年的中国传统服饰文化，符合中国人“天人合一”的礼数规矩，基于历代各族民众的选择而传承存续下来，带有为中国人所普遍认同和接纳的传统元素的中式服装。

（三）中式服饰创新设计体系的构建（图3-9）

图3-9　中华服饰及其创新设计体系的构建

课后思考练习

1.简述新中装的“新”具体体现在哪里？对于今后的华服创新有何启示？

2.哪些服饰属于当代中式服饰，如何界定？

3.思考中华服饰创新设计体系的构建。

4.随着汉服的逐渐复兴，当下流行的汉服在款式上有哪些创新设计？

第二节 创新设计体系Ⅰ——传统与潮流、个性的交融

学习目的和能力要求：

学习巧妙地运用中国传统文化元素，使学生在现代时尚潮流设计中掌握传统遗传因子的表达，从而在保持民族特色、传承民族文化的基础上，焕发传统元素的时尚光彩，形成符合个性化的现代生活方式的全新设计。

学习重点和难点：

在现代的、多元化的生活中，保留传统服饰文化基因的同时，将时尚与现代生活方式相交融，适应未来现代时尚的发展趋势，即传统与现代的融创、民族与世界的共融。

一、传统与现代时尚潮流的要素解构

（一）造型设计及其变化

1.服装的外轮廓

从设计学的角度分析，造型是设计之初最基本的形象元素。服装的造型设计是以人为基本形的，要考虑人本身对形态的物质需求和审美要求。

服装廓型虽然在不同历史时期、不同社会文化背景下呈现出多种形态，但探寻其内在规律仍有迹可循。人体是服装的主体，服装造型变化是以人体为基准的，服装廓型的变化离不开人体支撑服装的几个关键部位：肩、腰、臀以及服装的摆部。服装廓型的变化主要是对这几个部位的强调或掩盖，因其强调或掩盖的程度不同，形成了各种不同的廓型。用外轮廓表示服装造型可以舍弃款式细节，并以简洁、直观、明确的形象，迅速地表达服装造型的总体特征，体现出一种整体感及大视觉的效果，从而能充分反映出时装演变的流行特征。

服装轮廓，即服装的外轮廓型，恰似服装不同角度的剪影。它的种种变化，能改变人们对服装总体风格的印象，是款式美的重点所在。外轮廓形态是由基本造型要素点、线、面、体组合而成的整体。而廓型设计是根据各种造型要素的形态变化而产生的组合匹配，其设计依据除了要考虑运用与人体结构吻合的松紧、长短等形态外，还应追求超越人体空

间的异化外特性，使服装设计的思路得以无限拓展。

2.服装廓型分类

（1）字母表示法

是以英文字母形态表现服装造型特征的方法。它具有简单明了、易识易记等特点。有A型、H型、T型、X型、Y型和O型等，每种造型各有特点。

X型： 主要是通过夸张肩部和下摆、修饰和收束腰部而形成，也主要表现为收缩腰部，以烘托肩和下摆的宽度，放大女性身体的S型曲线，充分体现女性窈窕、婀娜的体态美。X型是服装最基本廓型之一，如上衣和大衣等以宽肩、阔摆、收腰为基本特征的设计。它的主要特点是能充分地显示女性所独有的曲线美，具有长久的生命力，这是一种具有女性化色彩的廓型，整体造型优雅不失活泼感。（图3–10）

图3-10　X型服饰特征
（左图）迪奥2007春夏高定系列
（右图）郭培2020春夏高定系列

H型： 又称布袋型，箱型。肩部、腰部、下摆的宽窄一致，富有轻松、自然之感。这类廓型简洁修长，具有中性化色彩。上衣和大衣等以不收腰、窄下摆为基本特征，衣身呈直筒状；裙子和裤子也以上下等宽的直筒状为特征。其造型细长、简洁，强调直线，有宽松、安详、庄重感。（图3–11）

图3-11　H型服饰效果 | 盖娅传说2021春夏

T型： 又称倒梯型。上宽下窄，肩部伸展、宽阔、夸张，下垂线向裙摆方向倾斜，造型具有阳刚之气，洒脱大方，有担当之感，在服装中应用多为男士外套、中性化女装。（图3–12）

图3-12　T型服饰特征
（左图）2015春夏Thom Browne高定系列
（右图）2016Thom Browne高定系列

O型： 肩部弯度夸张，下摆收口，上下束住，中间膨大、浑圆、鼓起，呈纺锤、灯笼、气球等形状，有些时装可用填充料夸张其间隆起的部分。造型松紧结合，夸张活泼，生动有趣，整个外形比较饱满、圆润，呈远离人体的设计。在服装中应用多为休闲装、运动装、居家服。（图3-13）

图3-13　O型服饰特征

（左图）郭培2017春夏高定系列

（右图）川久保玲2015秋冬高定系列

A型： 以夸张下摆、收缩肩部为主要特征。上窄下宽似金字塔状，裙摆展开，腰位上升，胸部衣身较小。在上衣、大衣、连衣裙等设计中，一般肩部较窄或裸肩，以不收腰、宽下摆为特征；下装以收腰、宽下摆为基本特征，如裙子和裤子均以紧腰阔摆为特征。此型主要强调款式下摆的宽大程度，礼服类多用这一造型，衣长较短时具有一种生气蓬勃、洒脱活泼的感觉；衣长较长时体现出稳重、端庄的感觉。（图3-14）

图3-14　A型服饰特征

IVH（Iris Van Herpen）2019春夏高定系列

Y型： 以紧身为基本样式，强调肩宽，衣身向臀围线方向收拢，胸、腰部位大多收省叠裥，下身较窄长贴身，兼有X型和T型的特点，能体现女性的优美曲线，非常典雅、时髦。在服装中应用多为时尚套装、礼服、连衣裙、马裤等。（图3-15）

图3-15　Y型服饰特征

劳伦斯·许2014秋冬高定系列

（2）物态表示法

以大自然或生活中某一形态相像的物体表现服装造型特征的方法。物态表示法，具有直观亲切、富于想象等特点。例如：**气球型、吊钟型、喇叭型、筒型**，在使用时要注意：一是要用人们都普遍了解的物体来确定名称，不能使用只有少数人或某一区域的人才知道的物体来命名；二是物体的形象要明显，具有一定的稳定性。

（3）几何表示法

以特征鲜明的几何形态表现服装造型特征的方法。具有简洁明了的特点。外形按几何形态可分为方形（长方形）、梯形、圆形（椭圆形）等。在实际应用中，上述基本类型还可组合出多种廓型，这主要是依靠调节外套、上衣、下装和裙子的长短比例，并变化其线条的曲、直及衣体的松紧来加以实现。当然，在创意构思时，决不能完全脱离人体的基本特征和裁剪缝制的可行性以及服装材料的轻重、厚薄、伸缩、悬垂等特性。然而，有时又要打破传统框框，大胆设计出新颖的廓型，反过来促进裁剪和工艺手法的革新，如此才能使服装在不断地推陈出新中更显新、奇、美的艺术魅力。

方型：方型的特点是合体、舒适、自由，能充分地显示出细长的身材。

正梯型：它的特点是活泼、潇洒、美观，具有修饰肩部、夸张下部的作用，是一种常见的款式。

倒梯型：倒梯型的特点是严肃、庄重、大方，具有简明练达的风格。

3.服装的点、线、面

服装除了外轮廓型态以外，还有一些基本款式形态要素：点、线、面、体。这些元素既可以是抽象的表达，也可以作为具象的装饰出现。

（1）点在服装款式中的运用

点是非常小的形象，几何学中的点是最基本的组成元素，可以指细小的痕迹或物体。点是线的起点、终点或线上任意点，是线面体的最大限度的分解，是最简单、最概括、最集中的视觉目标。服装款式中的点是指较小的形态，如扣子、胸花、点的图案、各种小装饰对象等。从服装设计的角度可以这样理解：在服装款式构成中，凡是在视觉中可以感受到的小面积的形态就是点。点在衣体中起着标明位置的作用，具有引人注目、突出诱导视线的性格，点在空间中的不同位置及形态以及聚散变化都会引起人的不同视觉感受。在服装中小至纽扣、面料的圆点图案，大至装饰品都可被视为一个可被感知的点，我们了解了点的一些特性后，在服装设计中恰当地运用点的功能，富有创意地改变点的位置、数量、排列形式、色彩以及材质等某些特征，就会产生出其不意的艺术效果。（图3-16）

图3-16　点在服装设计中的应用　|　红馆旗袍

在服装设计中充分利用点元素的视觉要素，强调服装某一部分的设计重点，可以起到画龙点睛的作用。在服装设计中，常常运用点的大小、形状、位置、数量和排列的重叠变化、聚散变化，构成服装中各种类型的点饰，既可以活跃服装空间，增强服装变化，又可以弥补掩饰人体的不足，从而使服装起到更加美化人体的作用。点是服装设计中不可或缺的要素之一，点的艺术设计和灵活运用可以提高服装设计的艺术性和视觉美。（图3–17）

图3-17　点在服装设计中的应用 | 红馆旗袍

纽扣点：不仅具有功能性，还有装饰性。纽扣一般以或圆或扁、或长或方、或抽象或生动的造型出现，均表现为一种点的元素状态。纽扣作为点，在服装中与门襟关系紧密。一方面有扣合门襟的实际功用，另一方面对门襟的走势起到强调的作用，还有些纽扣出现在袖口、袋口、肩部，这些点或集中或分散的布局，也有效地丰富了款式结构的变化。

装饰点：装饰点是在服装设计中经常用来强调衣着的重要部位，一般多用于前胸、前胸袋、袋边、袖边、摆边等部位。当服装中的点弯曲成曲线，能给人以流动的韵律感和柔和感，很适合用于女装。

服装中起装饰作用的点形态较为多样化，点既可以作为纯装饰物来提高服装的整体性，也可以作为细节提升服装的精致度，在配饰中点作为基本元素是较常用的装饰手法。

点图案：点图案也是点的一种相似应用，点的大小疏密色彩。图案，位置及排列不同所产生的效果也不一样。小的点子图案显朴素，适合于类似色或对比色的配色装饰。大点子有流动感，适宜设计下摆宽大有动感的式样。

无序点：无秩序的点自由分布在服装上时，让人感觉分散和混乱，但同时有一种活泼感和灵活感，多个点的应用中，要注意一件服装上所采用的点在造型风格上要尽量保持一致。

无形点：不具备点的形态，通过其他工艺，如褶间的处理，使人在视觉上产生点的形态，在服装上能使人的视觉集中。无形点的位置有颈、胸、腰、臀等身体曲线部位。

镂空点：镂空点是一种虚点的形式，形成于面料镂空处皮肤或下层面料的透露，包括对皮革、针织以及各种梭织面料的镂空处理，再如川久保玲的破烂式、牛仔服装上的磨烂处理等，给人以自由随意的感觉，不经意间烘托出服装的个性风格。

点面料：点面料是经过印染或刺绣等工艺形成的有点状纹样的面料，点的造型多样，点在排列上有一定规律，可以呈现从二维到三维不同的视觉效果。如波尔卡圆点，还有欧普风格的点状排列，更常见的是散点小花型四方连续图案的面料。

（2）线在服装款式中的运用

点的移动轨迹即构成了线。在几何学中，线只具有位置与长度，而不具有宽度和厚度。而在造型设计中，线具有位置、长度和宽度，线还是一切边缘以及面与面的交界。线有位置、长度及方向的变化，线分直线与曲线两大类。长短、粗细形态不同的线具有不同的表现力与特性，是服装款式设计中构成形式美的不可缺少的一部分。（图3-18）

图3-18 线在服装设计中的应用 ｜ 红馆旗袍

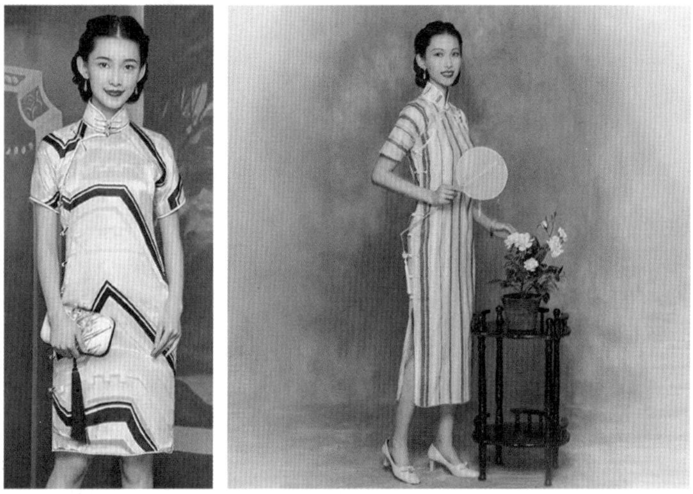

图3-19 线在服装设计中的应用 ｜ 红馆旗袍

直线的特征——直线是表示无限运动性的最简洁的形态，具有硬质、刚毅、简洁、单纯、理性、明快等特征。男性化的线条在服装款式设计中常表现为壮美感，产生庄重、雄浑、刚毅、硬直的视觉效果。直线具有垂直、水平、倾斜之分以及粗细变化，不同的直线构成会产生不一样的视觉效果。（图3-19）

垂直线：修长、单纯、理性。垂直线是一种单纯的直线，能够诱导人们的视线沿其所指的方向上下游动，是表现修长感服装的最佳造型。会给人以苗条、上升、严肃、硬、冷、清晰、单纯、理性的感觉。在服装的造型上表现为：搭门线、垂直的裙褶线等。

水平线：稳重、平和、舒展、安静。水平线是指一种横向运动的线型，给人以舒展、稳定、庄重的感觉，让人心里畅快的同时又有平稳的感觉。在服装上的造型通常表现为约克线、方形颈围线、腰节线、上衣和裙摆的底摆线等。

斜线：动感、刺激、活泼。斜线是一种使人心里产生不安和复杂变化的线型，给人以活泼、混淆、不安定以及轻盈之感。在服装上造型通常表现为V型颈围线、倾斜的开口线、倾斜的剪接线等，一般多用于裙装。

折线：理性、富于表现力。折线是一种极具造型性的线型。能使人产生力量、权威、方向和个性化的感受，常表现为：西服驳领线、剪切线、分割线、折线状口袋等。

粗线：粗犷、重量、迟钝、笨拙。粗线是一种极具张力的线型。能够在视觉中成为焦点，常表现为服饰的装饰线或花型图案中的重点表达元素。

细线：流畅、纤细、敏锐、柔弱。细线是一种极具优美流畅的线型，在服饰中能够形成服装的韵味以及特殊的飘逸感，使人视觉上产生流畅的美感。常表现为下摆的装饰线设计或定位花型的装饰设计。（图3-20）

图3-20　曲线在服装设计中的应用　|　兰玉2019春夏高定系列

曲线的特征——曲线主要指优美的线条，是较为女性化的线条，具有柔和、自然、优雅、流动、富有弹性和生命感的特点，曲线能够使服饰更加衬托出人体的柔美。

总体而言，线在服装上的运用非常广泛，是服装款式设计中必不可少的造型要素。在服装款式设计中，凡是宽度明显小于长度的属性，都可视其为线，线本身的个性特征也直接对服装款式产生影响。在服装款式中可利用线条的审美特性而进行各种设计，主要运用的有轮廓线、结构线、分割线、装饰线等。各种线的有规律组合，都有明确的情感意味——线的组合可产生节奏、韵律；线的运用可产生丰富的变化和视错感；线的分割可强调比例；线的排列可产生平衡。线的形式千姿百态，正确运用于服装款式设计中可得到非同一般的设计效果。

（3）面在服装款式中的运用

线的移动形迹构成了面。面具有二维空间的性质，有平面和曲面之分；面又可根据线构成的形态分为方形、圆形、三角形、多边形以及不规则偶然形等。面与面的分割组合，以及面与面的重叠和旋转会形成新的面。在服装中轮廓线、结构线和装饰线对服装的不同分割产生了不同形状的面，同时面的分割组合、重叠、交叉又会产生出不同形状的面，因而面的形状千变万化，所呈现的布局丰富多彩，比例对比、肌理变化、色彩配置以及装饰手段的不同运用，能产生风格迥异的服装艺术效果（图3-21）。在进行服装设计时，设计师常将服装的造型用大的面来进行组合，然后在大的面中设计出小的块面变化，运用设计的比例关系最后设计出完整的服装外轮廓和服装各部位块面的协调关系。

图3-21　面在服装设计中的应用
（左图）迪奥2007春夏高定系列
（右图）郭培2020春夏高定系列

方形：方形有正方形与长方形两类，由水平线和垂直线组合而成，具有稳定感和严肃感。

圆形：圆形可以分割成许多不同角度的弧线，它富于变化，有运动、轻快、丰满、圆润的感觉。

三角形：三角形由直线和斜线组成。正三角形稳定而尖锐，有强烈的刺激感；倒三角形则有不安定感。

自由形：自由形可由任意的线组成，形式变化不受限制，具有明快、活泼、随意的感受。

（4）体在服装款式中的运用

面的排列堆积形成了体，几何学中的体是面的移动轨迹，将面转折围合即成为体。体是具有长度、宽度和体积的多平面、多角度的立体型，如人体、圆柱体、球体等。服装造型中从不同角度观察体，会呈现出不同视觉形态的面，而服装也正是将有关材料包裹人体后所形成的一种立体造型，即以体的方式来呈现的。体占有一定的空间，服装款式设计就是平面的面料按结构组合与面的回转原理构成的立体空间。

立体服装的可能性首先是基于面料在构成上的可塑性，面料质地不同，面的立体效果也不一样。（图3-22）

图3-22　体在服装设计中的应用
（左图）迪奥2007秋冬高级定制系列　（右二图）郭培2018春夏高级定制系列

服装设计是对人体的包装，是活动的雕塑，是有意义的艺术造型，所以在设计中设计师要始终贯穿着体的概念。人体有正面、侧面、背面等不同的体面，还有因动作而产生的变化丰富的各种体态。因此，服装设计时要注意不同角度的体面形态特征，使服装不仅能从内结构设计上符合人体工学的需要，还必须使服装从整体效果上、从各个不同的体面上体现出不同的设计风格和设计思想，使整体比例达到和谐、适度、优美的效果。创造美的服装形态需要依靠设计者的综合艺术修养和对立体形象的感悟和塑造能力。

（二）面料设计及其再造

材料是服装设计的基本元素，它对于设计效果的实现至关重要，在实际运作中，设计甚至要根据现有的、可行的材料(经济角度、性能角度)来进行，因此材料是服装设计的物质基础、成本因素和品质基础。狭义而言服装的材料就是指面料、里料和辅料。随着科技的进步，服装材料出现了很大的发展，多种编织技术和合成材料的开发给设计师提供了更为广泛的选择和可能。

作为设计师，掌握充分的材料知识是十分必要的。根据服装材料的织造方法，一般可分为梭织类、针织类及无纺类(主要用于辅料生产)。其中针织类，根据其不同组织方法常见的包括罗纹组织、花色组织、网眼组织等，针织材料从早期使用纯毛、纯棉发展到今天的麻、丝、腈、涤等多种纤维，针织服装从内衣的基础上发展出各种流行外衣套装。除了机织面料，还有手工编织，可分为钩针编织、棒针编织和手工编结等；手编材料方面可分为植物纤维(多是棉线及麻线)、动物纤维(开司米、安哥拉兔毛、马海毛等)、混纺纤维(花边、彩带、线绳等)、无机纤维(金、银丝线等)；编织的基础花样有几何方格、条格、自由花形和规则花形，也可以是两者结合起来的花形。(图3-23)

服装配饰理论上可用任何一种材料来进行设计，饰物制品常用金、银、铜、铁，宝石、珍珠，贝壳、珠片、毛皮等材料，也可用塑料、木料，通过加工、雕刻、打磨等技法制作饰物。(图3-24)

图3-23　编织在服装设计中的应用
郭培2020春夏高级定制系列

图3-24　配饰在服装设计中的应用
劳伦斯·许2014秋冬高级定制系列

现代服装设计的突破在很大程度上得益于服装材料的重组与重塑。服装材料的工艺技术的性能指标不断地提高更新，为时装设计的完美表现和丰富变化提供了更多可能。材料重组，涉及色彩及廓型样式的变换，更涉及面料材质的改观，具体的材料经过重新组合直到达到理想的视觉效果。在服装设计中，款式、面料和工艺是重要元素，而面料的重塑变得可行起来，并在其中担当着越来越重要的角色，经过二次再造设计的面料更能符合设计师心中的构想，因为它本身的外观视觉的美感就已经完成了服装设计一半的工作，同时再造设计过程中还会给服装设计师带来更多的灵感和创作激情。（图3-25）

图3-25　面料再造在服装设计中的应用
郭培2019秋冬高级定制系列

所谓材料的重组，总结起来可大致分为硬软、厚薄、平凸、简繁、滑涩、亮暗等对比搭配的类型，如毛皮与金属，厚呢与薄纱，缕空与实料，透明与重叠，闪光与亚光等组合方式的运用。（图3-26、图3-27）

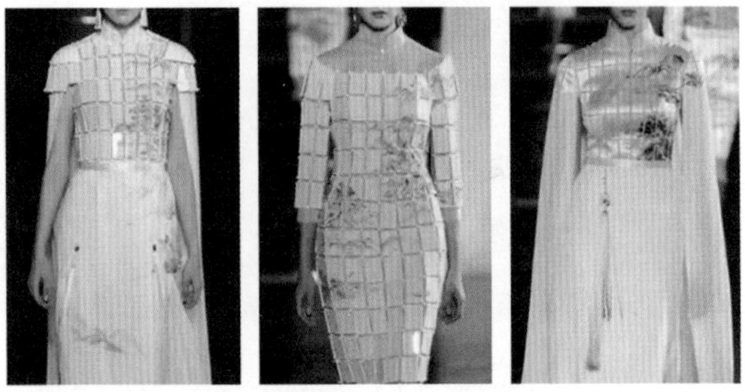

图3-26　材料重组在服装设计中的应用
盖娅传说2017春夏高级定制系列

材料的重塑意为再造，依靠现成衣料本身的特色，“改造”或“提升”布料的形式，彰显丰富的设计表现手法，构造出变幻多姿的不同款式形象。著名的三宅“一生褶”（图3-28），伊夫·圣洛朗的画饰，瓦伦蒂诺的皮革条带饰等都是再造设计的突出典范，重塑带来材料“性格”上的改观。

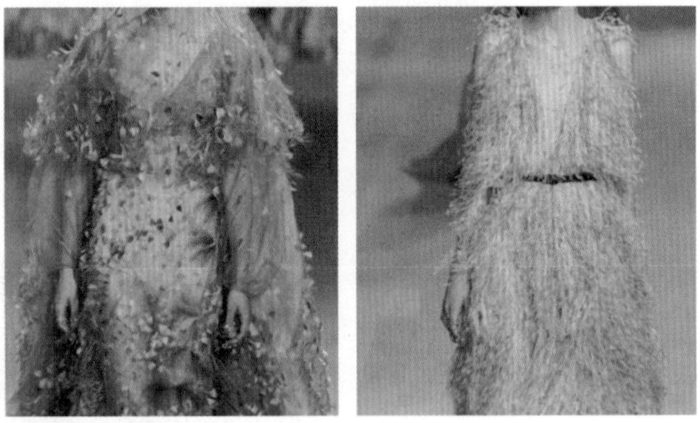

图3-27　材料重组在服装设计中的应用
迪奥2021秋冬高级定制系列

材料的再造主要手法有打褶、镂空、堆饰、扎结、破损等。打褶是通过用线或松紧带将面料抽缩，或把面料有序地折叠而形成的效果。镂空则是在面料上采用挖洞、镂空编织或抽去织物部分经纬纱的方法。堆饰是将棉花或其他材料垫在衣料下，并在表面缉线形成浮雕感觉。扎结的方法是使平整的材料表面产生放射状的皱稻或圆形的凸起感。拼缀是通过将同一材料的正反倒顺含有的不同肌理和光泽或不同色彩材料质感，裁制成大小规格不同的面料，来进行巧妙的拼缀而形成的视觉变化。破损是指把面料剪裁、撕裂、水洗或做旧形成自然的损坏状态。在具体设计的时候，可以通过综合的手法达到创意效果。（图3-29）

图3-28　三宅"一生褶"的应用

图3-29　材料重塑在服装中的应用　|　XUZHI2017秋冬高级定制系列

以上所述服装面料的二次设计的方法由来已久，古已有之，也已被人们广泛利用，总结常用的为以下三类手法。

加法设计：包括刺绣、缀珠、扎结绳、褶裥、各类手缝等。

减法设计：包括镂空、烧洞、撕破、磨损、腐蚀等。

其他手法：印染、扎染、蜡染、手绘、数码喷绘等，以及从边缘或对立的服装面料中寻找二次设计。

面料二次设计的构思绝不是简单地利用工艺手段，更重要的是运用当下的造型观念和设计理念去对主题进行深化构思。面料的二次设计要关注市场的流行动态，以市场接受为原则，讲究形式美感，即二次设计中的重复、韵律、节奏、平衡、对比和协调以及特异性、体积感、运动感等规律的运用，让消费者和设计师在新的面料刺激下产生共情的感受。

（三）色彩设计及其搭配

色彩是服装的第一外观要素，科技的发展使面料色彩的多样化成为可能，给设计带来更大的空间。服装色彩很大程度上决定了着装的效果，它受流行时尚、生活习惯、社会文化的影响极大，设计师必须了解每季的流行色，融合个性与共性，从而把握时尚。

色彩学是横跨自然科学和人文科学的综合性学科。一方面，色彩是由于光的作用形成的，光谱按红、橙、黄、绿、青、蓝、紫的顺序排列，随光源变化而变化。另一方面，色彩对人的感官产生刺激，并由于国家、地域、习俗、宗教等社会因素的差异化而构成了色彩的不同的象征意义。色彩有三要素：色相、明度、纯度。色相即色彩的相貌，每个颜色都有自己的名称。人们把自然界的颜色分成有彩色系和无彩色系，为了研究方便，把它设计成一个色相环。色彩之间的关系分别有冷暖色、同类色、互补色、对比色等。明度即色彩的明暗程度。纯度是指色彩的鲜艳程度，又称饱和度、彩度、色度。（图3-30）

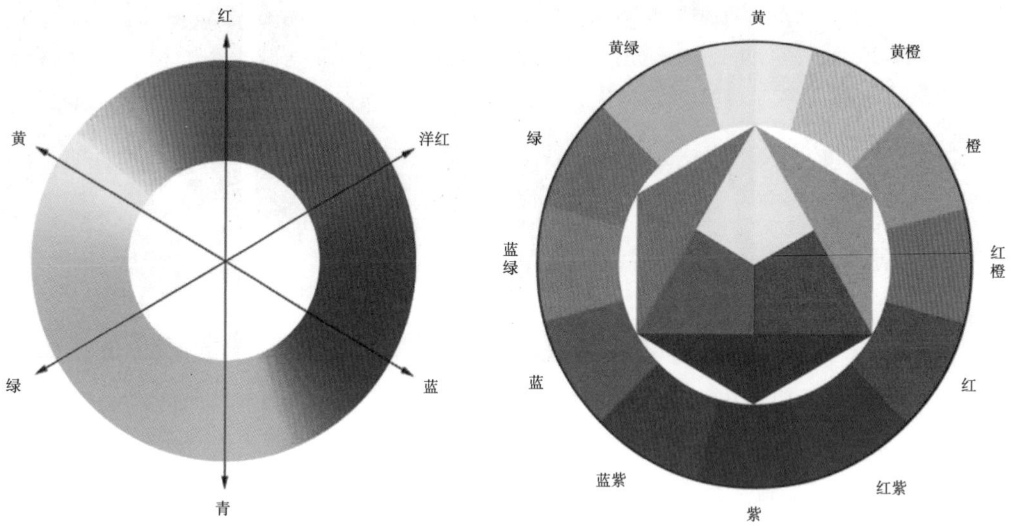

图3-30　色相环示意图

1.流行色

所谓流行色，英文是 Fashion color，它指的是“传播很快”和“盛行”的意义，又可以解释为时兴、时髦或时装的色彩。每年国际流行色组织在不同季度都会发布流行色趋势报告，各国的相关组织也会根据本国的综合因素来发布自己的流行色系列。每一季流行色的选择和推广并不是偶然的，它是依据一段时期的特点以及各国民众的喜好、习俗、审美等因素而预测的，流行色有自身的“生命”周期，从产生期到淘汰期一般为3~5年的时间，有可能第二年还有一些相近的色彩出现，但它还是遵循一定的变化规律。

2.配色方法

服装配色是设计中一个重要的环节，良好的服饰色彩搭配能表达出设计师的设计风格和目标顾客的形象特点。总的来说，服装的色彩搭配分为两大类：一类是协调色搭配，协调色搭配又可以分为同类色搭配和近似色搭配；一类是对比色搭配，对比色搭配又分为互补色搭配和对比色搭配。（图3-31）

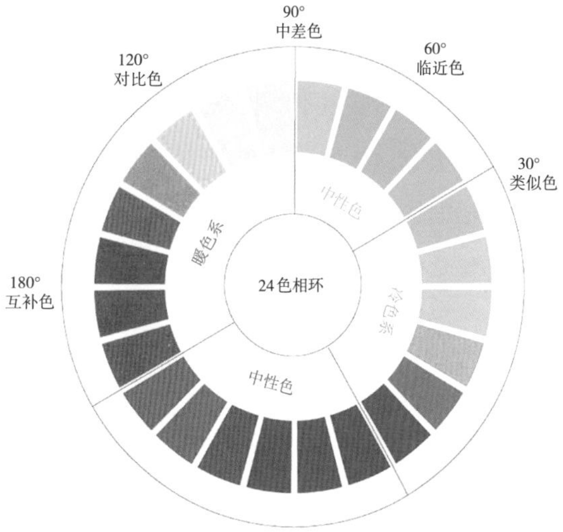

图3-31　24色相环

协调色搭配的特征在于色调与色调之间有微妙的差异，较同一色调有变化，不会产生呆滞感。将深色调和暗色调搭配在一起，能产生一种既深又暗的昏暗之感，而鲜艳色调和强烈色调再加明亮色调，便能产生鲜艳活泼的色彩印象。

同类色搭配：指深浅、明暗不同的两种同一类颜色相配，例如，青配天蓝，墨绿配浅绿，咖啡配米色，深红配浅红等。同类色配合的服装显得柔和文雅，例如，粉红色系的搭配，让整个人看上去柔和很多。

近似色搭配：指两个比较接近的颜色相配，在12色色相环中将两个比较接近的颜色相配。如蓝色与绿色、橙色与红色、蓝色与紫色、红色与橙红或紫红、黄色与草绿色或橙黄色等相配。

互补色搭配：是从12色色相环中将任何颜色与所直接相对的颜色相配，如紫色与黄绿色、红色与蓝绿色、黄色与蓝紫色等。

对比色搭配：指在24色色相环上相距120°到180°之间的两种颜色搭配。如黄色与紫色、红色与青绿色等，配色比较强烈。对比的色调因色彩的特征差异，能造成鲜明的视觉对比，有一种“相映”或“相拒”的力量使之平衡，因而能产生对比调和感。

无彩色调和：在不同颜色之间采用无色彩作为间隔或穿插，这样能使不同色相的颜色统一在一个整体之中，使其更加稳定而又有变化。间隔的作用也可以调和不同色彩之间的关系，达到自然和谐的效果。

二、传统与现代生活方式的交互融合

（一）现代生活方式的概述

生活方式包含的内容相当广泛，与民众的衣、食、住、行、工作、休闲、娱乐、社交等紧密相连，是各民族、阶层和社会群体在一定历史时期和生产条件下所选择的带有一定共性的生活模式，反映着所处时期民众的价值观、道德观、审美观等。

现代生活的质量不断提高，伴随着高速发展的数字化和经济全球化的冲击，现代社会文化的审美意识和审美品味也发生了较大的变化，多元化现代生活方式成为必然趋势，专注于前沿时尚的时髦男女、痴迷于虚拟世界的互联宅族、定位于穿越搞怪的新媒体群体、隐匿于繁华闹市的自在静者等各样群体，在繁复多彩的环境中寻找着适合于某一社群的生活方式。

（二）现代生活方式的分解及深入

1. 四类生活方式

根据各群体生活需求的层次化、多元化、个性化、艺术化等表现特征，现代生活方式按主体最倾向性可以包括时尚生活、艺术生活、生态生活、科技生活等。

时尚生活：时尚是时与尚的结合体，时乃时间、时下，即在一个时间段内；尚则有崇尚、高尚、风尚。时尚生活方式，即指追求当下的时期里，社会的风尚与特定的品牌等的表现与流行，其多元的表现包括流行从众、猎奇哗众、标新立异、前卫时髦等。

艺术生活：强调品鉴自然、人生的艺术化途径，凸显个性，如简约几何风格、亚文化思潮风格、古典艺术风格等。

生态生活：专注于调养身心的高质量、高品味、高格调，讲究自然舒适、生态健康、心旷神怡、身心合一等。

科技生活：是在科学和技术的功能化和智能化上兴趣盎然，讲究即时性、数字化、高效率、安全性。

2. 四层人类需求

现代的生活方式中所体现的需求基本符合了马斯洛需求层次理论，人类需求像阶梯一样从低到高分为生理安全需求、社交需求、尊重需求和自我实现需求等。同时在需求深度上有了一定的提高，具体主要表现在以下四点：

一是生态健康层次化，满足生理需求的提升。经济条件为不同的生活理念奠定了夯实的物质基础，促成了生态健康理念表现出差异性和层次化，由基础生理需求向深层次的生理需求的转变，这种转变具有感染力和号召性。生态化的生活方式能够影响生活的方方面面，具有深刻性、全面性，涉及人与自然、生活与生产、物质与精神、思维与存在等多方面的思考。以日本的无印良品品牌为例，其倡导回归自然、简约质朴的生活方式，赢得了相当一部分忠诚的消费者，这不仅是一种生态健康的生活方式，而且是自我理想状态的呈现。

二是社会需求多元化，满足安全社交的功能需求。当生理需求得到满足后，社交需求可能就会凸显出来，进而产生激励作用。当前社会环境的复杂性、生活方式的多样化就决定了社交需求的多元化，一些社交软件的推广和普及，是适应新的阶段和环境、满足新的社会和个体需求的产物。

三是生活方式个性化，满足自尊需求的空间。通过独特的生活方式，塑造个人的形象和特色，一方面获得个人的自尊和自信，另一方面希望获得他人的肯定，受到别人的尊重、评价和信任。近年来，经过改良设计的中式婚礼服和汉服成为年轻人热衷的时尚选择，构成一种群体性的流行趋势，这种带有民族特性的服饰烘托出隆重且喜庆的中式氛围，这一现象表明传统服饰文化和礼仪文化的觉醒。

四是精神追求艺术化，实现自我价值的精神需求。这是整个层次需求的精神升华与沉淀，如沉浸在书法的“忘我”境界之中，痴迷于刺绣的“非遗”传承之中。刺绣是优秀的传统服饰技艺精髓，其文化魅力经久不衰，在复兴、承扬传统文化的影响下逐渐走进课堂。中国艺术研究院艺术人类研究所研究员李宏复认为，“刺绣具有美化生活和教化功能，传递出真善美的价值引导作用，应该走进高校，开设刺绣研培学习。”这种在一针一线中的生活方式既学习刺绣文化内涵又享受个人化的艺术气息。

（三）现代时尚的发展趋势

在现代化的、多元化的生活中，依旧可以寻找到传统服饰文化基因的痕迹。从现实生活到影视剧、从生活记忆到复古风潮、从旅游行业发展到高校文化教育等，传统服饰文化基因从多角度、多领域、多行业在现代生活方式中复苏和崛起。

1.传统与现代的融创

优秀的传统服饰文化在历史变迁、朝代更迭中延续存留下来，并在21世纪以全新的样貌出现在时尚生活的视野中。中华传统服饰文化代代相传、延绵不息，随着国人对传统文化传承的觉醒，高校的教育中对于传统服饰文化的复兴也在付诸行动和实践。如2014年（北京）APEC会议的领导人服装设计方案，是从2013年12月下旬开始征集第一阶段设计方案，有关方面整合了全国的设计力量共向国内71家企业、259位设计师和18所高校发出设计邀请函，江南大学是其中之一。江南大学梁惠娥教授和崔荣荣教授带领的两个团队，在相关服装企业的大力支持下，入选最后的种子样衣阶段；最终，江南大学的提花万字纹面料、海水江崖纹和紫红配色等设计想法，经深化设计小组提炼，在APEC会议“新中装”得到展示和运用。希望通过这次设计，表达现代设计师对民族文化、民族特色、民族元素的重新认识——传统的元素并不能直接照搬，关键要在传统基础上进行创新，“激活”“再生”传统民间服饰中的文化内涵，唤起沉淀在广阔民间的服饰符号记忆，实现对中国民间艺术遗产真正意义的保护和传承。（图3-32）

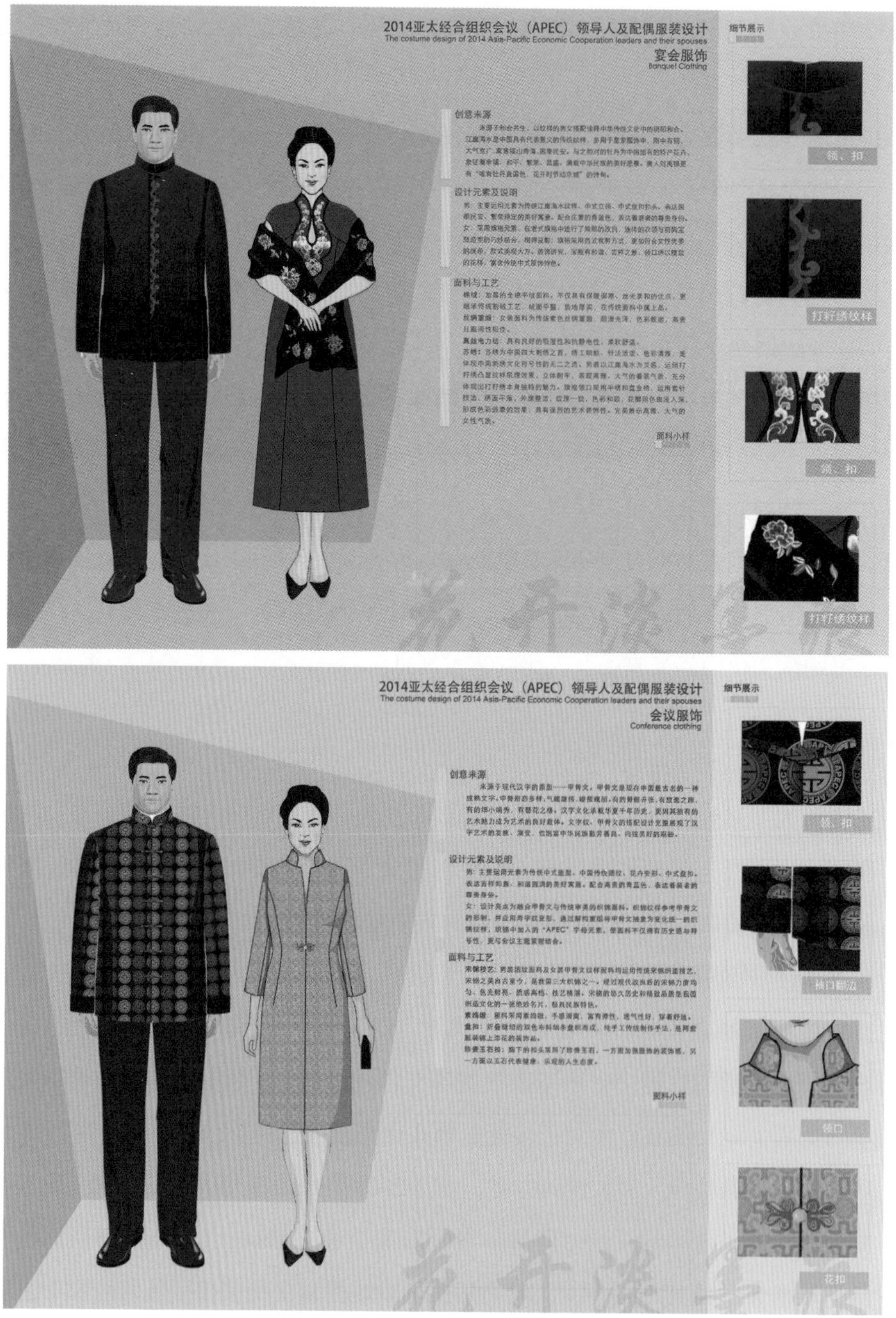

图3-32　江南大学团队参选的APEC会议领导人服装设计方案

2. 民族与世界的共融

中国设计师在高级定制礼服中越来越多地传递着中国作为礼仪之邦的讲究，倡导在传统手工技艺与机械、现代工业之间“度”的把握。如外交场合中的晚宴服设计，以精致的中长袖、半高领对襟蓝色的中式礼服，衬以白色腰带，搭配白色手包，塑造一位具有中国特色的礼仪形象大使，向世界呈现中国风服饰，传递其背后的精神理念与人文价值。如设计师劳伦斯·许曾为特朗普孙女儿访华设计“玫瑰百蝶图”旗袍礼服，美国国花是玫瑰，中国古画有《百蝶图》，将多彩的蝴蝶和玫瑰花作为小女孩旗袍的元素，并运用中国传统的丝绸、刺绣和云锦工艺，用针线穿织两国的友谊和传播两国的文化。

西方设计师也经常使用中国的元素，如米兰时装周的Prada2017春夏大秀中，将中式旗袍经典的立领、斜襟与盘扣融入设计之中（图3-33），看上去像极了民国时期的中式改良套装。而面料花纹则选用了较现代化的格纹、印花等，袖口和裤腿中加入了飘逸的鸵鸟羽毛与摩登的皮带做点缀，以独特的中国韵味演绎2017的时髦摩登感，极具东方风情的中式套装融入西方现代的时尚元素后，构造出一种新颖的国际范式。同样Prada秀场上的旗袍采用了中式的剪裁与西式的细节设计相结合，整体依旧保持旗袍的轮廓，强调玲珑有致的腰部曲线，将充满光泽感的面料进行拼接辅以珠宝点缀，看上去更华丽了。

图3-33　以中国元素为灵感的西方设计 | Prada2017系列

3. 时尚设计与现代生活方式的契合

根据对现代生活方式的梳理，首先在物质层面上纵向比较发现，生活方式中追求的质感、造型、智能到品味、生态等风格，从追求表面性的、物质性的到本质性的、非物质性的过程，是层层推进的上升趋势。再横向观察时尚设计与生活方式的关系，时尚是现代生活方式的重要表现形式之一，也是生活方式中的一个领域，两者各自的内部元素都是个性与特殊性的体现。但是两者之间具有共性和普遍性，是从个体的、微观的到系统的、宏观的转化，以生活方式中的每个领域为载体，最终都是心与物、人与自然、精神和物质的价值上的平衡、和谐和统一（图3-34）。服饰定制的具体需求意向，折射出个人的独特现代生活方式，时尚设计的解读，是从最初对服饰的色彩、结构、面料、工艺等形式上的、可观化的元素选择，最后到造物理念、文化复兴等的追求，是从物质性到精神性的，因此不同层次的定制需求反映不同的生活方式，特有的现代生活方式体现在日常生活的方方面面。

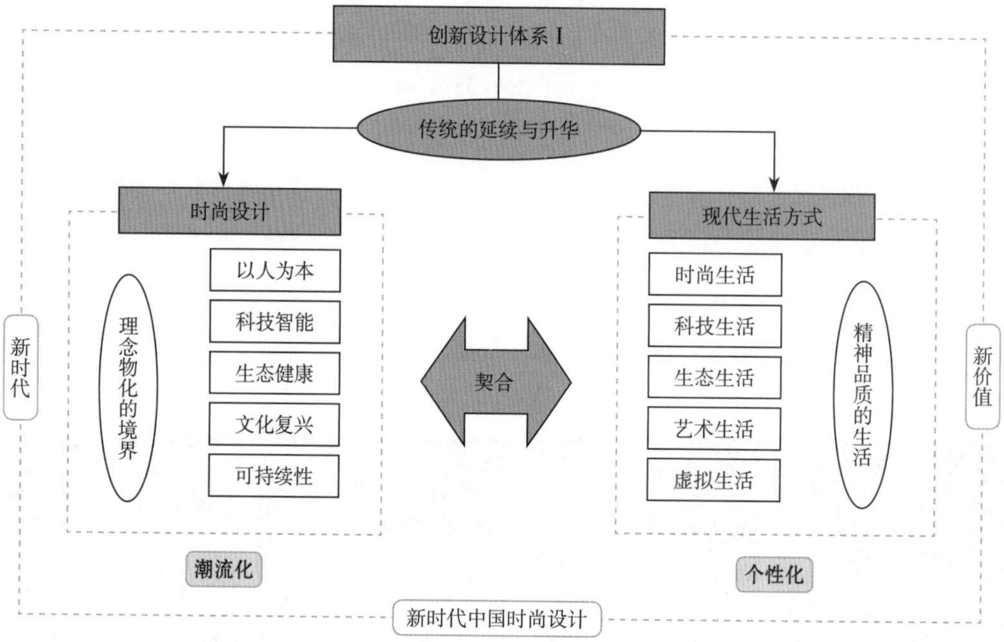

图3-34　创新设计体系Ⅰ——传统与潮流化、个性化的契合关系图

课后思考练习

1.结合所学的时尚潮流设计三要素，选择某一款传统服饰（如旗袍），分别从造型、面料、色彩三个方面，进行改良设计。款式时尚新颖，附设计说明。

2.分析近年来国内外服装品牌中，以传统与现代、民族与世界为设计主题的系列服饰，具体阐述其设计元素是如何使用的。

第三节　中国风的起源及典型案例解析

学习目的和能力要求：

“中国风”显示了一种西方现代时装艺术对中国民族服饰的现代性与个性化的改造方式，为民族服饰的时装化提供了服装形式创新与拓展的新思路。应使学生透过民族服饰的时装化这个窗口，理解中西文化、现代与传统间的碰撞与交融，发出对传统民族艺术在全球化语境中的新思考。

学习重点和难点：

在实践练习中，能熟练运用常用中国风元素与设计手法，如织锦刺绣、泼墨、旗袍结构、民族图案、细密繁花与青花瓷等。

一、中国风的界定与溯源

“中国风”（Chinoiserie）在《最新英汉美术名词与技法辞典》[1]中的解释如下：“受到中国艺术影响的装饰性物品。中国艺术风格的潮流出现在建筑、室内装饰、家具、陶瓷、挂毯、墙纸和小装饰物中，也出现在美术作品中，反映了对中国的浪漫想象，这种艺术在18世纪达到顶峰。尽管中国式风格仍是装饰艺术中的标准主题，但中国时尚却在1795年结束。”

《英汉百科知识词典》[2]关于“中国风”的辞条为：“17~18世纪西方室内设计、家具、陶瓷、纺织品和园林设计风格。大多与巴洛克式和洛可可式融合在一起。其特点为：大面积贴金和髹漆，爱用蓝白色对比，不对称，不用传统的透视画法，采用东方图案和花纹。”

从以上“中国风”的解释看，中国风最初是一个西方的概念和称谓。“中国风是指一种追求中国情调的西方图案或装饰风格，在绘画、雕塑、建筑等方面都有应用。在纺织服装领域，中国风主要表现于纺织品纹样和服装款式、色彩的设计。中国风不是一般意义上的中国风格，它是从属于欧洲巴洛克和洛可可的一种艺术风格，有其特定的内涵。这种风格反映了欧洲人对中国艺术的理解和对中国风土人情的想像，又掺杂了西方传统的审美情趣。中国古代染织文化对欧洲产生过很大影响；具有中国情调或中国风的欧洲纺织品的出

---

❶ 迈耶(Mayer R),希恩(Sheehan S).最新英汉美术名词与技法辞典[M].清华园B558小组,译.北京:中央编译出版社,2008.
❷ 张柏然.英汉百科知识词典.南京:南京大学出版社,1992.

现，可以上溯到较早的历史阶段；中国风这一称谓的使用则较迟，一般认为始于18世纪的法国。19世纪以后，西方服装开始较多地在面料、图案、款式和色彩方面吸收和模仿中国。20世纪出现了以中国风命名的高级时装系列。”❶

清华大学美术学院贾玺增认为，“中国风”时装更多是指一种感觉，似有似无之间，不是具体的中国式样。它需要建立在世界流行时尚文化体系之中，是国际化的中国风格。❷

中国风的时尚服饰是以“中国元素”为表现形式，建立在中国文化乃至东方文化的基础上，将时尚与中国元素相结合，适应全球经济发展趋势的民族时尚服饰，自身有着独特文化魅力和个性特征，包括男装、女装、童装、鞋、配饰、家居等物品。何谓中国元素？中国元素是在今天的世界视野下或融入世界视野中用到的中国传统文化因子（图3-35）。常用的中国风元素与设计手法为：织锦刺绣、山水泼墨、民族图案、旗袍与青花瓷等。

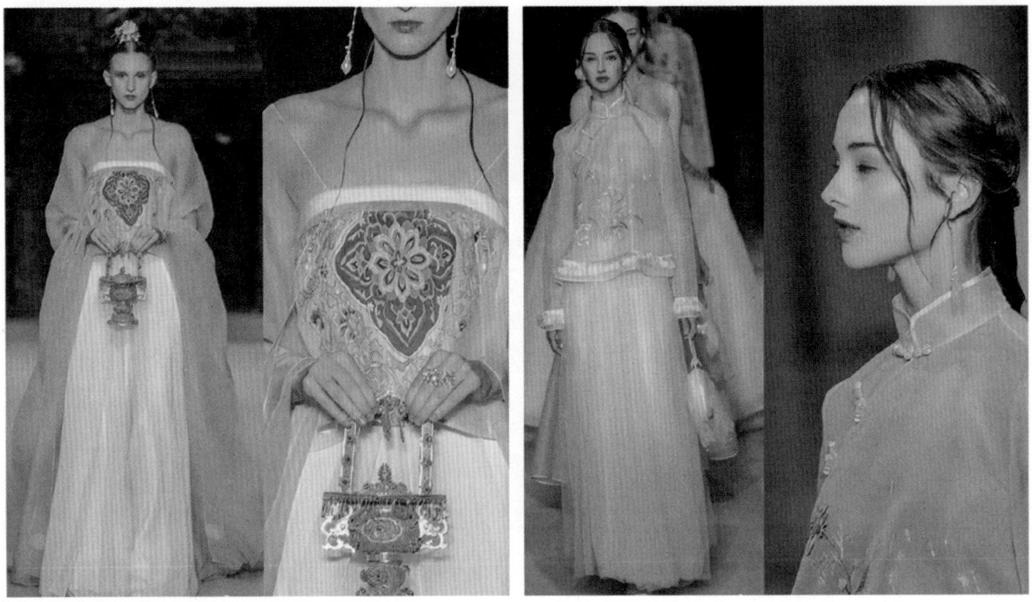

图3-35　盖娅传说2019系列

织锦刺绣：中国特色的织锦刺绣（图3-36）被直接运用于各大品牌的服装面料上。最常见的是栩栩如生的刺绣花朵，或镂空或采用凹凸不平的刺绣方式，在面料的表面上展开花朵最妖娆的姿态，让面料充满了立体感。

山水泼墨：运用中国国画山水的泼墨手法，在服装上展现了独特的魅力。通过水墨画的朦胧感与独特晕染感描绘出独特的中国风。（图3-37）

❶ 包铭新.欧洲纺织品和服装的中国风[J].中国纺织大学学报,1987(1).
❷ 贾玺增.“中国风”怎样影响了西方服饰文化[N].中国日报网,2019-07-08.

图3-36　江南特色织锦

图3-37　盖娅传说2019春夏系列

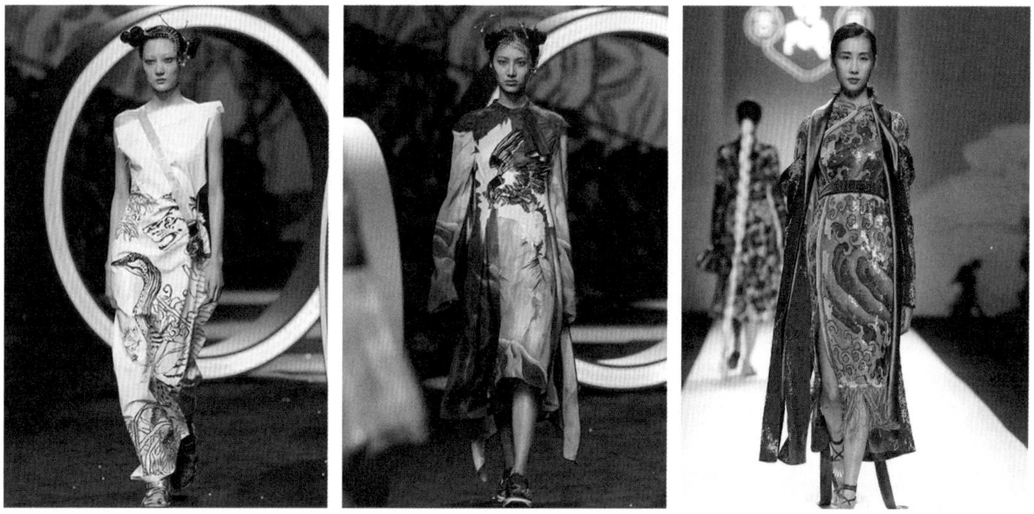

图3-38　密扇（MUKZIN）2018春夏系列

旗袍结构：旗袍是中国传统服饰中在海外传播极广的品类，最能体现东方女性的魅力。旗袍款式中的斜襟、立领、侧开衩、盘扣等经典元素的使用也是极为常见。（图3-38）

民族图案：通过使用民族图案和民族图案中提取的元素（图3-39），重构组合设计能够体现出民族特点与经典造型。如细密的繁花图案也常常作为中国典型纹样出现在小家碧玉身上，衬出俏丽可爱又带着羞赧。在采用细密繁花时会有两面性，当使用过于密集和缩小时会使整体调性不高，但是也能在合适的搭配中衬托出穿着者妩媚娇柔的气质。

青花瓷：青花瓷作为中国元素的重要部分，代表着中国的委婉和韵味，以其独具的魅力，一直吸引着世界的目光。（图3-40）

图3-39 柳叶形云肩的民间刺绣图案

图3-40 郭培“青花瓷”高定系列

二、西方语境下的“中国风”设计案例

（一）西方奢侈品牌的“中国风”设计

服装除了功能性外，还是文化的载体。以中国为代表的东方文化博大精深，深深地吸引着服装界设计师们以此作为灵感来源进行创作。近年来随着“中国风”的时尚潮流，越来越多的西方高端品牌使用中国元素，作为秀场发布会设计或成衣系列设计的灵感元素。（表3-1、图3-41）

表3-1 西方设计的“中国风”系列

设计师/品牌	中国风秀场	设计主题/灵感	运用中国风元素
YSL Rive Gauche	2014秋冬	中国系列	仿旗袍式立领垫肩缎质套装、用蝴蝶系着盘扣旗袍套长裤；龙纹云纹中国图腾；用提花织锦、刺绣等各种布料及织绣技巧
Louis Vuitton	2011春夏时装秀		黑色盘扣旗袍、高高的开叉、流苏、改良旗袍款式
Ralph Lauren	2011秋冬高级成衣	上海快车	中国古代服饰的装饰元素和玉饰为点缀，中式立领、旗袍式腰身的剪裁等细节，多彩龙纹刺绣，红礼服
Valentino	2013秋冬高级成衣		剪纸，极具清新韵味的青花瓷
Giorgio Armani Privé	2015春夏高级定制系列	竹韵	东方的竹林作为设计的灵感，还运用了汉唐式的襦裙，苏绣和珐琅掐丝，中国蓝，刺绣

续表

设计师/品牌	中国风秀场	设计主题/灵感	运用中国风元素
Prada	2017春夏高级成衣		将中式旗袍经典的交领设计加之盘云扣、立领的细节融入设计之中，中国风睡衣
Gucci	2016春夏高级成衣	Tian（天）	
John Galliano Dior	1997秋冬礼服		中国旗袍的元素
Dolce & Gabbana	2016春夏男装		极饱和的龙图腾与清宫场景印花、元宝领、对襟与盘扣；明媚而细腻的工笔花鸟画、煊赫的雕梁画栋，都被化作华美的印花，呈现出丰富而新颖的中式表情；北京千层底老布鞋
Prada	2008春夏时装秀		丝绸上衣
Giorgio Armani Privé	2009春夏时装秀		像宝塔一样的肩部剪裁的夹克，朱漆红，流苏，中国宫廷印花；一个紧身的、有着翘檐轮廓的剪影，款款地从被誉为“东方巴黎”的城市走来，宝塔轮廓剪裁
Victoria's secret	2016大秀	The road ahead should be China	大红大绿、龙凤呈祥、清宫服饰纹样
Miu Miu	2003春夏系列		盘扣旗袍
Elie Saab	2019高级定制系列		祥云、腊梅、龙纹刺绣，镶龙绣凤，束腰交领
Simone Rocha	2019春夏系列		唐仕女发髻、纽襻儿、云肩、帷帽，古代女性画像

图3-41　DIOR 1997高级定制系列

（二）华人设计师的“中国风”案例

1.谭燕玉（Vivienne Tam）

设计师谭燕玉（Vivienne Tam）毕业于香港理工学院时装设计系。谭燕玉的设计糅合了大量东西方的传统元素。她的作品从中国传统文化中撷取灵感，锐意创新。她的作品将国画的留白、写意山水、工笔花鸟、书法骨架等，统统都化作了时尚的符号。而她最为时尚界人士所熟知的，是1995春夏“毛”系列中将头像作为一种视觉元素，以强烈的色彩对比、幽默的角度来重新塑造大人物肖像，并将这些带有现代艺术家安迪·沃霍尔（Andy Warhol）风格的图像运用在她设计的衣服上，当时引起了西方时装界强烈反响，进而吹起一阵民族风、东方风。中国风是谭燕玉最为时尚界人士所熟知的，从1990年开创自己的时装品牌以来，谭燕玉始终相信要坚持民族的才能成为世界的，她巧妙地将中西文化相融合，比如将中国的国花牡丹作为设计主体，巧妙地将“龙”形运用到设计中，红色作为传统的中国新娘礼服、白色作为主打婚纱、紫色作为晚宴礼服，她以独特风格令时装界瞩目。

谭燕玉的作品从中国传统文化中撷取灵感，黑白色牡丹花裙装被纽约大都会博物馆珍藏，以菩萨与观音为图案的宗教系列也广受欢迎。2000年，她撰写的《中国风》（*China Chic*）一书中，通过时装到家居用品等，阐明东方生活文化的时尚概念，在谭燕玉看来，“中国风”有时抽象，有时感性，难以解释。她向世界更向新兴中国设计师们展示了——中国风不应只流于形式，中国风可以是一种抽象的感觉，一种灵魂深处的感性。（图3-42）

图3-42　Vivienne Tam春夏系列

2.王汁（Uma Wang）

图3-43 设计师王汁

如果说国内最早一批进军国际时装周的设计师，王汁（Uma Wang）绝对是其中之一。从2005年创立品牌至今，有一点从没变过，就是用东方人的审美去做现代人的时尚。毕业于东华大学的中国设计师王汁在工作一段时间后又去英国圣马丁深造，王汁在2002年读的是圣马丁8个月短期进修课程，专业为配饰。完成课程之后，王汁选择留在伦敦，并在伦敦创立UMA WANG同名品牌。（图3–43）

王汁的作品中很少有浅显的东方元素，她将时尚作为一个国际化的产物，不分国界。“我从来没有考虑过我的风格应该讨好中方（市场）还是西方。很多人能够从我的衣服中看出东方感觉，比如面料触感、轮廓，”她解释说：“面料是我的设计语言。”

很多独立设计师都在追随着潮流的脚步，而王汁却很有自己主张，她不大关注流行的版型和色彩。她认为Uma Wang应经受得住时间的考验，“它不在潮流中，不会过时，甚至可以传给下一代”，出于这方面的考量，王汁更多关注的是从设计中重新挖掘回归自我内心之路。她以风格鲜明的针织材料为主线，擅长运用不同面料材质和肌理，强调细节和轮廓的完美结合，它以优良的品质和独特的风格深受欧洲买手及先锋杂志的追捧。王汁服装中东方的禅意表达自然而然地流露出来，极具中国禅意的“中庸”。（图3–44）

图3-44 王汁设计

其实Uma Wang之所以会如此重视中西方风格的结合，无外乎和她的经历有关，出生在中医世家的她，从百草的色泽到书法的笔墨，这些保有东方哲学的耳濡目染将中国传统渗

图3-45　王汁设计

透在她的审美当中，她在设计中运用多种面料和纺织品的拼接与混搭，以风格鲜明的针织系列为主线，始终坚持将东方美学含蓄地注入品牌的灵魂中。衣摆间的轮廓与行云流水的空间感，自然而然地展现了迷人的中式风采，包括一部分衣服的水洗吊牌，都是她父亲亲自用繁体小楷写下的。（图4–45）

三、中国语境下的“中国风”设计案例

（一）中国高级定制品牌的“中国风”设计

随着“中国风”潮流的日渐流行与中国综合国力的日益增强，中国风也成为国内设计师的常用设计主题与元素，近年来中国本土设计师的“中国风”也成为时尚界的热点主题。（表3–2）

表3-2　中国设计师品牌的定位

	设计师（品牌）	定位	设计表达
国内中国风品牌	郭培 （玫瑰坊）	高级定制	刺绣特色、雍容华丽而厚重的定制感，高级手工定制礼服
	劳伦斯·许	高级定制	中西合璧，完全西化的立体裁剪，设计元素却极其古典、东方
	张志峰 (NE TIGER)	高级定制婚礼服，华服	致力于中国奢侈品的复兴与新兴，“融汇古今、贯通中西”的设计理念，“高贵、优雅、性感”的奢华风格
	陈野槐 (GRACE CHEN)	高级定制	锡绣、中国节、流苏等标志元素，整体风格低调，以“静、深、富”为审美哲学
	兰玉 （兰玉）	高级定制（婚纱，礼服）	苏绣技艺与高级材料结合，情感化设计传递东方雅致之美

续表

	设计师（品牌）	定位	设计表达
国内中国风品牌	王培沂 (WANG PEIYI)	高级定制	传统制作工艺，服装上的装饰也采用纯手工化的一针一线，精致繁复的装饰与高水准的制作工艺
	熊英 （盖娅传说）	高级定制（高端定制、商务礼服、生活度假和设计师专属四个系列）	渐变、水墨晕染、刺绣、质感，仙气国风，传统与现代的结合，中国传统的写意美和中式元素的现代感，"明星身后的美学专家"
	杨桂东 （SAMUEL GUÌ YANG）	高级女装	中式的元素、独特的廓形、雕塑感的裁剪及新颖有趣的高科技面料，如圆形橡胶材质有热感效应
	张卉山 （HUISHAN ZHANG）	时装设计师	女人味、轮廓精致的设计，西方高级定制中的技巧和工艺，讲究奢华兼具可穿性
	曾凤飞 (FENGFEI·Z)	高级男装	中国元素与现代男装相结合
	王元宏，陈彩霞 （夏姿陈）	高级女装	将西方技巧与东方艺术相结合
	张彦 （SUNCUN三寸盛京）	高级女装/男装	传统与现代的结合，将现代中式男装分为"礼、吉、常、行"四个大系，涵盖了现代男装礼仪着装、商务正装、日常生活着装、休旅着装等功能分类

郭培（玫瑰坊）

我国著名服装设计师郭培，早年就读于北京市第二轻工业学校，主修服装设计专业，在校期间，小小年纪的她就表现出了不同凡响的设计天赋。如今，作为我国第一代高级定制服装设计师已为众多社会名流设计定制礼服，如春节联欢晚会中的主持人礼服。作为中国最早开辟定制礼服之路的郭培，对于时尚一直有着自己独到的审美与见解，她的作品常常代表了女性的时尚梦想，也因此成为国内一线影视明星最早选择的高级定制服装设计师。在为2008年北京奥运会设计颁奖礼服时，郭培倾注了大量的心血，设计了上百张图纸，奋战了数月，最终取得了满意的设计效果。在业界人士看来，力求极致完美的她在中国服装业有着举足轻重的地位。（图3-46）

图3-46　设计师郭培

在郭培心中，将中

国传统工艺推向世界是其毕生的设计梦想，她认为若要弘扬中国设计，就必须先学会运用自己的语言去设计，刺绣是郭培在设计中最常运用的一种工艺手法，无论雍容华贵的凤凰牡丹还是玲珑秀美的雕花都精美至极（图3–47）。郭培的工作室里有近200位绣娘，每天专注于刺绣，她坚持每一件服装都由纯手工制作，即便一件服装需要手工制作上千个小时才能完成，她也从不吝惜时间，力求完美精致。郭培坚持从中国传统文化中汲取设计灵感，在设计中积淀中华民族最深沉的精神追求，体现当代中国设计的时代精神与民族气魄。（图3–48）

图3-47　郭培设计

图3-48　郭培设计

她在作品中流露着自己对于事业的热爱以及对梦想不懈的追求。对郭培来说，时装已不再是单纯的设计，而是秉承着传递中国传统文化的历史使命、发扬东方审美风范、促进中西方文化交流与艺术融合的美的历程。（图3–49）

图3-49　郭培设计

（二）中国成衣品牌的“中国风”设计

随着中国风潮流的盛行，中国风的国潮品牌也逐渐发展起来，出现在国际、国内时装周的舞台上，展演其个性化潮流设计。（表3-3）

表3-3 国内成衣品牌的“中国风”理念

	品牌	风格特征	设计表达
国内中国风品牌	花木深	恬淡素雅、成衣化、旗袍改良款式，保留中式的韵味和舒适度的基础上，又注重西式版型的合体和修身	元素取材中国非物质文化遗产，以刺绣工艺为主，刺绣元素包括剪纸、杨柳青年画、织锦、苏绣、花罗、苗绣等
	密扇	提出“潮范中国风”，强烈的视觉效果，色彩、图案设计	运用建筑学中抽象化传承的理念将中国风重新解构，再将当下的审美哲学与当代艺术元素相结合，创造出了一种独特的中式潮牌。品牌倡导百无禁忌的玩家精神
	花笙记	是修身唐装的创造者	融合传统工艺与时尚设计，致力于中国风服饰和汉服的改良和创新
	织羽集	改良汉服，日常穿着	结合传统汉服文化元素和现代时装流行风格，改良并专注原创的汉元素服饰
	裂帛	自然风、民族风	将边缘文化的手工及形式、色彩与现状交汇。少数民族的手工特色、华丽色彩、神秘色彩。每件产品都加深了手工及形式、色彩的延伸
	染唐	男女装，自然朴实	修身潮流唐装的先行者之一，颠覆流行与时尚，融入传统中国元素，游离于新潮与古典的设计空间
	十三余	国风少女美好的豆蔻年华	致力于让更多年轻人穿上人生第一套汉服，秉承守正创新的原则，以传统为魂，以现代为笔，表达年轻一代的东方审美，让更多年轻人爱上中国传统文化

1.密扇

密扇服饰诞生于2014年，由品牌创意总监韩雯（Kate Han）与冯光（George Feng）共同创立，毕业于英国利兹大学面料染织专业的韩雯，出生于大连的一个服装企业家族，毕业后曾在著名设计品牌Vivienne westwood就职。七年的留学经历与“反叛与创新”的品牌精神，让她萌生了用西方设计语言重塑中国传统文化的念头。密扇两位主理人都在英国生活多年，有着相似的留学背景，深受西方美学、设计理念的影响，又深谙中国传统美学的情怀。他们用不落窠臼的现代设计解构了中国传统文化的森罗万象，借由服装为媒介载体，糅杂出一种全新维度的新东方主义美学语言。

“密扇的诞生，”韩雯说：“我们不想一味满足外国人对东方的想象，假借历史的遗迹去描绘一种博物馆式的文化，就好像中国还停留在当年马可·波罗笔下遍地黄金的年代。”他们希望自己能做出一些与众不同的东方风格，比如2016年开发了以新疆哈密手绣为灵感的系列产品，他们和“密扇”一起寻找这种即将失落的手艺。只是他们用自己的美学意识把这些图案进行了重塑，根据当代人的审美角度打造与古典手艺相结合的时装。（图3-50）

图3-50　密扇2017上海时装周秀场

2.花笙记

花笙记的品牌定位——修身唐装先行者，传统服装保护者，唐装时装化践行者。其品牌设计是中国元素和现代时尚的碰撞，既坚持传统工艺制造，又致力于唐装时装化的创新，但坚决不采用常见的西装式唐装的做法，坚持只做连袖唐装——这是中国文化中“圆”的哲学的延伸。因而花笙记唐装，定位于年轻人的时尚唐装，深入探索中国传统服装的韵味和世界观，不仅仅是将中国元素符号化，还用修身适体的版型设计产品，并由此为国人打开一扇门，令人发现传统文化的现代之美。花笙记推崇“匠人精神”，拒绝廉价、粗糙的大规模工业化生产，专注于自己热爱的事物，用心倾听内心的指引，以旁人难以理解的单纯和执着，对这个浮华和喧嚣的世界说不，默默地打造着心中的完美。（图3-51）

图3-51　花笙记服装系列

3. 十三余

十三余品牌创立于2016年，是年轻一代的国风美学生活方式品牌，致力于为年轻一代创造探索中华文化的全新旅程。十三余以汉服为切入点，深耕中国传统文化，用当代消费品的承载，推动现代汉服体系的建立和传统文化的传承，旗下主要产品包括汉服、鞋靴、箱包、配饰、家居等国风日用消费品。（图3-52）

图3-52　十三余品牌服装系列

4.织羽集

织羽集由徐娇和杭州载艺科技有限公司联合创立的汉元素服饰品牌，致力于向世界展示和推广汉服，将传统汉服文化元素和现代时装相结合，让汉服文化真正的走进日常。织羽集拥有原创设计团队，产品均为原创设计，借助多重感官维度的表达设计灵感，灵动而生动的材质挑选，用色彩融合汉服元素与时装的界限，为汉服混搭时尚打造一场生动的体验和穿着方式。（图3–53）

图3-53　织羽集品牌服装系列

课后思考练习

1. 刺绣作为中国传统文化的瑰宝，以独特的艺术性和文化内涵受到国际的关注，为服装设计师提供了源源不断的创作源泉，分析刺绣在当代服装设计应用中的规律和变化。
2. 找出2~3个“中国风”服饰设计的典型案例，通过图文并茂的形式进行详细的分析阐述。

本讲拓展阅读书目

[1]田亚莲.民族文化与设计创意[M].成都:西南交通大学出版社,2020.
[2]卢新燕.服饰传统手工艺[M].北京:中国纺织出版社，2020.
[3]陈静.服装设计基础:点线面与形式语言[M].北京:中国纺织出版社,2019.
[4]许可.服装造型设计[M].3版.上海:东华大学出版社,2018.
[5]李慧.服装设计思维与创意[M].北京:中国纺织出版社,2018.
[6]梁军.服装设计创意:先导性服饰文化与服装创新设计[M].北京:化学工业出版社,2015.
[7]卞向阳.中国近现代海派服装史[M].上海:东华大学出版社,2014.
[8]华梅.中国近现代服装史[M].北京:中国纺织出版社,2008.

第四讲

创新设计体系Ⅱ——传统风格范式形成

第一节　当代时尚设计中传统风格的定位

学习目的和能力要求：

使学生了解当代时尚设计中传统风格的定义，在服装轮廓、色彩图案、面料肌理等设计中融入传统服饰文化元素，使服装设计的理念、色彩应用、制作工艺等方面体现出传统风格，既有传统的继承，又有创新的设计。

学习重点和难点：

学习掌握传统风格分类及时尚设计方法，即复古风格及时尚设计方法、解构风格及时尚设计方法、文艺风格及时尚设计方法、意象风格及时尚设计方法、国潮风格及时尚设计方法、民族风格及时尚设计方法，并在设计实践中，灵活运用。

一、传统风格定义

中式服饰时尚文化的发展，是民间至官方、国内到国际、个人到团体等多维度的传承与流行。根据中式服饰文化体系的构建，传统风格是运用中式服饰文化元素，整体设计上呈现有代表性文化特质、具有相对稳定性、反映时代特征的且被广大民众认同的服饰样式。在同一的中华传统语境下，设计师以不同的理解演绎着不同的设计范式，有复古式、解构式、文艺范、意向派、国潮风和少数民族风情等。

二、传统风格范式及时尚设计

（一）复古风格时尚设计

根据《现代汉语词典》的解释，复古是指恢复古代的某种制度、风尚、观念等。就传统服饰风格而言，复古式是对中国优秀的传统服饰文化的复兴和发展，是对传统中具有代表性的传统元素进行调整，而在整体设计上有延续传统服饰古典韵味的当代服饰风格，多适用于正式场合或某些特殊场景，整体表现出象征性、礼仪性。近年来时尚概况和相关文献的论述中，唐装、汉服、中山装、中式婚礼服，这些品类最具复古代表性。复古风格设计方法归类为以下三个部分：

1.简其形而延其韵

简化传统服饰繁复的特征，抽取其廓型、关键元素为点缀，在面料上或个别局部上进行调整创新，整体塑造出低调优雅、内敛沉静的东方美学韵味。2017北京时装周的特色发布——T100优秀设计师平台发布秀以“来自东方的新浪潮”为主题，设计师刘卫在“更衣记”系列中，尊崇简约的设计理念，融合中式平面裁剪和西式立体裁剪技艺，将传统的袍服款式、立领、开衩与当代的斗篷、裙装等款式以不对称、拼接等工艺相融合，创作现代东方的形制之美，诠释含蓄的审美意蕴（图4-1）。传统服饰以简约大气的款式廓型，延续了中式元素的韵味和风格，将当代服饰整体的东方风格展现出来。2014中国国际时装周设计师曾凤飞发布男装作品（图4-2），以中山装为基本款式，用传统的暗纹提花宋锦面料，色彩淡雅别致，华贵而含蓄，具有低调的韵味之美。

图4-1　复古风格·简韵设计
刘卫2017作品ZENITHLIFE“更衣记”

图4-2　复古风格·简韵
曾凤飞2014作品“蕴彩”

2.承续华美装饰重塑传统艺术

重塑华丽的传统服饰工艺，是对传统手工艺的复苏，讲究华丽、隆重、细腻、繁复的效果。当代设计应用中最为广泛的传统技法包括刺绣、织锦、染缬等。曾凤飞2017春夏系列男装作品（图4-3），汲取诸多传统元素，以袍服款式上的对襟、斜襟、立领、盘扣、戏曲长袖等为局部关键点缀，并将祥云飞鹤、海水江崖等带有美好寓意的图案经过重新提炼、再创造，设计出了既富有中国文化内涵又具有国际潮流趋势的纹样。中国设计师们结合当代多样化的服装新工艺技术和新型材质，突破传统工艺的界限，通过巧夺天工的奇思妙想，将不同工艺叠加进行创新设计。在秀场中融合传统元素的服饰，通过不同种类的刺绣、印花、钉珠串珠等工艺的有序排列组合、叠加，形成平面与立体、动与静、柔和与硬朗等对比形式美感。（图4–4）

图4-3 复古风格·华饰设计
曾凤飞2017春夏作品“远·近”

图4-4 复古风格·华饰设计
（左图）东北虎NE•TIGER2015春夏系列细节
（右图）郭培2019春夏系列细节

3.以现代工艺复刻形制

“汉服”是汉族的民族服装，“汉服”的样式在数百年岁月长河中，逐渐被异化为戏服、古装、寿衣等特殊服饰而存留在特殊人群之中[❶]。现代创新汉服设计，是对传统汉服的延续与传承。近年来汉服群体在不断扩大，截至2019年12月31日，汉服吧的会员人数已达到1057893人，比上年增长了13.72%，积极活跃于各微博、贴吧、QQ群等社团活动，现今汉服市场 的主体消费人群已超过360万[❷]。随着公众对传统文化的需求，“汉服”风潮与规模不断扩大，这也证明了“汉服”满足了消费者的文化需求与民族需求，“汉服”时尚已经发展成为一种独特的中国社会文化现象。

汉服的形制主要包括交领右衽上衣、半臂、褶裙、对襟上衣、齐胸下裙、大袖衫、褙子、夹袄、马面裙、比甲、圆领袍、曲裾。越来越多的汉服店成为淘宝商家产值的前列，汉服店铺致力于汉民族传统服饰、传统文化的推广，通过复制传统形制与图案刺绣，将“汉服”服饰发展传承。（图4–5）

---

❶ 从汉服到华服当代中国人对民族服装的建构与诉求 周星.
❷ 2019汉服产业报告[EB/OL].汉服资讯微信公众号,[2020-01-22].

齐胸衫裙
窄袖上襦＋半臂＋齐胸下裙

齐腰衫裙
斜襟直领大袖衫＋褶裙

交领衫裙
半袖帔＋宽袖上襦＋蔽膝＋褶裙

褙子套装
褙子＋抹胸＋两片裙

坦领襦裙
坦领上襦＋坦领半臂＋下裙

明制袄裙
上袄＋马面裙

图4-5　复古风格·复刻设计 ｜“汉尚华莲旗舰店”中的汉服

（二）解构风格时尚设计

与复古式设计相反，解构式在保留传统元素中的一、两个标志性的元素外，更讲究潮流性、实用性和适用性、现代性，并对社会环境和人群产生一定的引领和导向作用的服饰风格，其次解构式是接受度最高、普及性最强、应用广泛的风格。

1.元素混搭

传统元素丰富多样，面料、图案、造型、结构等在局部细节上与当代时尚进行搭配创作。劳伦斯·许（Laurence Xu）2013秋冬系列中，将古代龙袍的图案、配色、刺绣手法等应用于当代礼服当中。Le Fame 2019秋冬系列中，新颖的牛仔面料与旗袍款式相结合，用新时代手法浪漫演绎过去，追溯历史却又颠覆历史，整件裙子采用了中式旗袍的剪裁，牛仔布的做旧感带着几丝岁月的气息，微耸的肩部设计和巴洛克花朵重工刺绣却又是西式的时尚元素，旗袍至脚踝，西式的潇洒中带着古老中国的雅致气息；袖口装饰毛织物的绸缎旗袍上衣与休闲裤装搭配，颜色时尚前卫，与绸缎带来的温暖感很相配；蓝白条纹的丝绸衬衣，简约大方中带着硬朗的气概，衬衣也设计成了旗袍般的立领和斜襟，衬衣外搭配了一件棕红色的改良吊带旗袍裙，复古且前卫。（图4–6）

图4-6　解构风格·混搭设计
（左四图）Laurence Xu2013秋冬系列　（右三图）Le Fame 2019秋冬系列

2.分解重构

如Prada2008春夏时装秀裙装的设计上，类似于旗袍的连衣裙是一大亮点，立领、滚边、偏门襟的类似元素，参考了中国传统旗袍的形式美，又以设计师独特的灵感呈现西方别样的美感表达；在Dries Van Noten2012秋冬时装秀中，也出现龙袍元素，将“龙袍”运用剪裁再拼接的形式，将细碎片段运用到局部，将剥离出来的贵族浮华，于西装、连衣裙等日常服装，带给人们全新的视觉体验，更利于走向平民化、实用化的时尚趋势。（图4–7）

图4-7　解构风格·分解重构
（左图）Prada2008春夏系列细节　（右二图）Dries Van Noten2012秋冬系列

（三）文艺风格时尚设计

以传统服饰的改良款式为主，整体偏宽松，色彩雅致、自然、宁静，以棉麻、绸缎面料为主、整体强调诗性、哲学思想、纯粹性。以水墨、晕染、留白等主要表现手法，传递中国自然美学意境。

以楚和听香·楚艳2014春夏秀场为例，主题是“天物”，凸显“天人合一”的哲学理念，从宝石蓝到淡青色，从山水墨色到象牙白色，再加上大量水墨风格印花，还采用了传统草木染技艺——从植物的各个部位提取色素作为染料，通过直接染、媒染、还原染、防染等工艺为织物染色。（图4-8）

图4-8　文艺风格·时尚设计　|　楚和听香·楚艳2014春夏秀场

（四）意象风格及时尚设计

意象风格指的是客观事物经过主观创作主体，通过情感抒发或情感处理后创造出的一种非理性主义艺术形式。通过融入特殊的主观情感从而处理的艺术形象各不相同，这种独特性与个性化正是意象美的来源。将主观的“意”与客观的“象”相结合，是赋有特殊含义与文化内涵的具体形象，可理解为借物抒情。意象手法应用于在服装设计中是一种内心中情怀、记忆中场景的再现，如仙侠风、游戏风、古装风等。除了服装本身的设计，意象派还注重通过道具、妆容的模仿、借鉴。

盖娅传说品牌，其最大的特色是苏绣、吊染等技艺，其风格最大的特色以“仙”“空灵”为关键词，如HEAVEN GAIA2019春夏系列中主题“画壁·一眼千年”，融合古法织布的多重工序，从纱线上色抽纱绛花，绛丝面料宽幅比窄幅会相对多出来五倍之久的手工时间，又以盘绣勾金等刺绣手法细化层次，极大程度地还原了敦煌的绝美；戈壁系列则采用敦煌壁画的用色中提取代表色系，用线迹和粗纱工艺，体现绵延的自然地貌，粗麻面料肌理形象描绘了戈壁的苍美。而SHELLYJIN品牌墨韵系列是按照写意画手法表现雅清荷莲的墨韵，从开始图案设计，然后制作成面料，并在设计中加入一些西方元素进行嵌入，如西装领等服装设计元素。（图4–9）

图4–9　意象风格·时尚设计 | HEAVEN GAIA2019春夏部分系列

（五）国潮风格时尚设计

直白地以中国传统元素为设计灵感，融创到当下流行趋势中，体现的是强烈的中国式潮流感。具体表现有，高饱和度的中国色彩、代表性面料拼接（丝绸、织锦等）、中国特色图案（中国汉字、年画、对联等）、象征性部件（盘扣、立领）等。

李宁作为第一家国内运动品牌登陆2018纽约秋冬时装周，从运动的视角表达对中国传统文化和现代潮流时尚的理解。以大大的四个中文字体“中国李宁”和红色方形印鉴的灵感呈现皇帝御用玉玺般的品牌份量，现代挺括面料与中国传统刺绣工艺相结合，主打色系为黑白色辅搭标志性的中国红，并以照片印的形式还原“体操王子”李宁的经典动作。（图4–10）

2019春夏伦敦时装周，唯品会携手密扇、白鹿语、生活在左、KISSCAT四大中国年轻设计品牌，以“C–Pop国潮出征”为主题上演“中国风”开场大秀，其中密扇MUKZIN设计师韩雯此次以最具代表性的中式药丸中的膏、丸、丹、油等的经典外包装为出发点，以其自身便带有的特定文化属性，通过变形合成了时尚印花图案，同时以长短、里外层次的搭配，营造出自由、洒脱的潮流形象。（图4-11）

图4-10　国潮风格·时尚设计　|　李宁2018纽约秋冬时装周

图4-11　国潮风格·时尚设计　|　密扇MUKZIN2019春夏系列

（六）少数民族风情时尚设计

少数民族元素与当下时尚流行元素的融合与创新，其设计手法多样，形式借移，形象再现，以传达对中国少数民族服饰文化的传承。调整民族元素，以拼接、刺绣等手工艺进行点缀以便日常化。

2019年设计师胡社光为献礼祖国七十周年，由100名不同年龄、来自不同地方的时尚娘子军演艺大秀，以蒙古贵族头饰顾姑冠为原型进行设计，将大量的蒙族元素用在这个系列里。采访中设计师胡社光，"我作为一个蒙古族，对民族元素自小就很热爱，在家乡、在草原，所以我会将大量的民族元素用在这个系列里，其实民族元素在我看来是不能够直接搬运使用的，而是要将我们传统的、历史的、民族的沉淀用现代的手法演绎出来，比如说一些翘肩的部分，一些面料的色彩搭配，还有一些配饰如头饰、战盔等民族服饰的细节元素，还有欧美服装在剪裁上的一些特点，我将这些融合运用，最后呈现给大家。"（图4-12）

图4-12 民族风情·时尚设计 | 胡社光2019"鄂尔多斯草原·丝路"

而来自内蒙古的原创品牌ZAYACH（吉雅其），是少数民族风情的成衣品牌，其设计灵感源自古老神奇的呼伦贝尔大草原。传统与时尚、蒙古族服饰文化与现代工艺的完美结合，以简洁的线条、流畅的风格、中性的配色以及精致的简约风格为特色，如在领型和衣襟的设计中加入民族元素及部落图腾纹样。（图4-13）

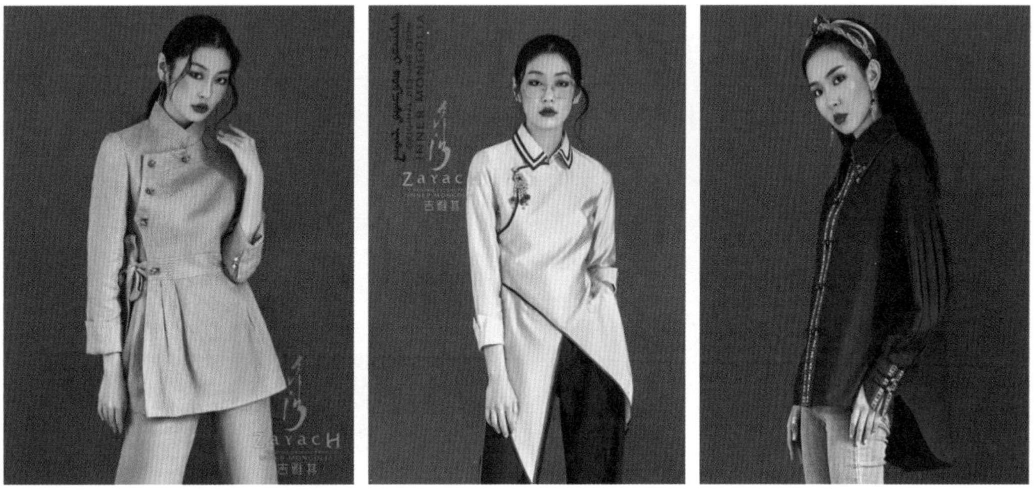

立领侧襟系带西服套装　　翻领斜襟衩摆衬衫　　棉麻镶边褶袖衬衫

图4-13　民族风情·时尚设计 | ZAYACH部落风系列女装

课后思考练习

1.唐装是最具代表性的复古服饰之一，简述近年来唐装在设计方法上的变化和发展。

2.解构风是接受度最高、普及性最强、应用广泛的风格，其在时尚设计中是如何体现传统风格的？

3.举例说明具有国潮风的典型服饰品牌，并进行设计方法的具体分析。

第二节　传统风格的创新设计方法解读

学习目的和能力要求：

从四个方面进行传统时尚创新设计方法的解读，分别是：传统时尚形制创新设计、传统时尚面料创新设计、传统装饰创新设计以及传统搭配创新设计。使学生在进行设计时，能从多方面运用传统服饰元素，与时尚潮流进行较好的结合。

学习重点和难点：

掌握传统时尚创新设计的方法，领会其中设计要点，拓展学生的创新思维能力。注重设计与市场需求和流行趋势的紧密结合。

一、传统风格的形制创新

“形制”指的是服装设计中的廓型与款式结构，具体指典型款式与特殊造型特征。现代时尚中对于传统服饰文化中出现频率较高且具有典型性的形制有汉服、中山装、新中装、马面裙、旗袍等典型形制。现代设计师对于传统服饰的创新与改良设计层出不穷，并且设计风格与整体特征也不尽相同，不同时间与不同的环境背景所诞生出的传统形制的创新设计也有较大的差异性。

（一）传统形制

明代具有丰富多彩的袍服形制，以交领、圆领深衣形制为代表的直身袍和以上衣下裳形制为代表的断腰袍在古代传统袍服中具有一定的典型性和普遍性。以明赤罗朝服上衣（孔府旧藏）（图4-14）、明绿绸云蟒纹袍服（孔府旧藏）（图4-15）、柘黄织金妆花缎龙云肩通袖直身袍料（定陵出土，万历三十八年织完）（图4-16）的款式图及结构图为例，复原明代服装的裁剪方式与形制。

以明代男性圆领袍为例，对明清服饰收藏家李雨来先生收藏的明中晚期四合如意云纹圆领官袍（图4-17）进行实物测量。此件官袍的形制特征为直身式袍，圆领右衽，宽袍大袖，袖口收口，衣身两侧有侧耳出摆，两侧开叉不缝合，衣身地纹纹样为四合如意云纹。此件袍服整体保存现状完好，背部有局部破损。此件圆领袍服面料由提花技艺织造而成，袍服没有现代服饰意义上的里子，所以为防止脱丝起毛对边缘位置的处理显得尤为重要，此件男袍领口、袖口及下摆都采用不同的边缘处理方法。

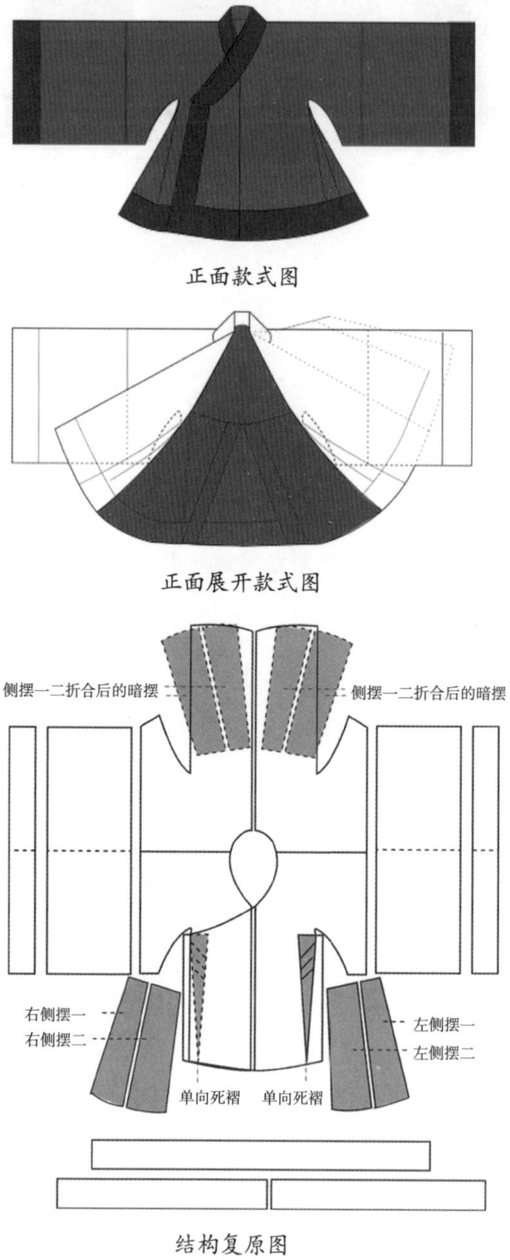

图4-14 [明代]赤罗朝服上衣款式图及结构图
（孔府旧藏，现藏于山东博物馆，依据实物测量绘制）

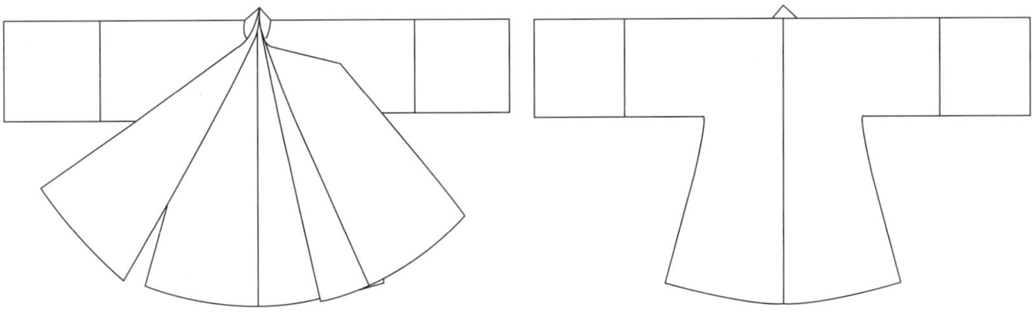

正面结构图　　　　背面结构图

图4-15　[明代]绿绸云蟒纹袍服结构图｜（孔府旧藏，现藏于山东博物馆，依据实物测量绘制）

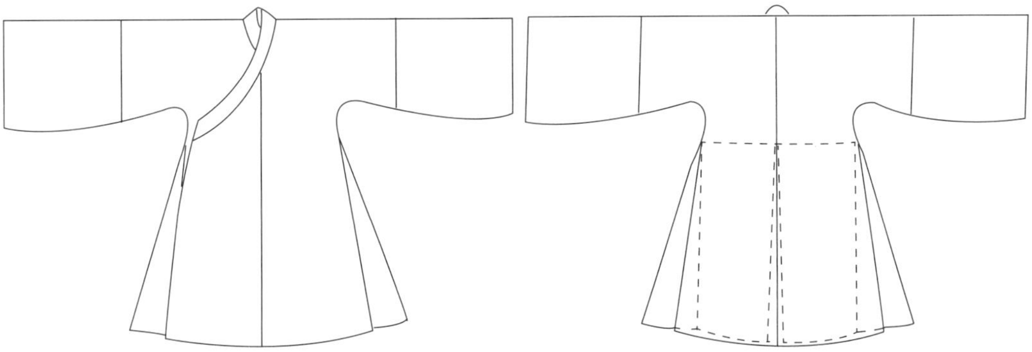

正面结构图　　　　背面结构图

（依据《定陵》（上）[1]第49页，“图六五　织金妆花龙襕缎直身龙袍料w248:1展开裁剪式样及拼接成衣示意图”绘制）

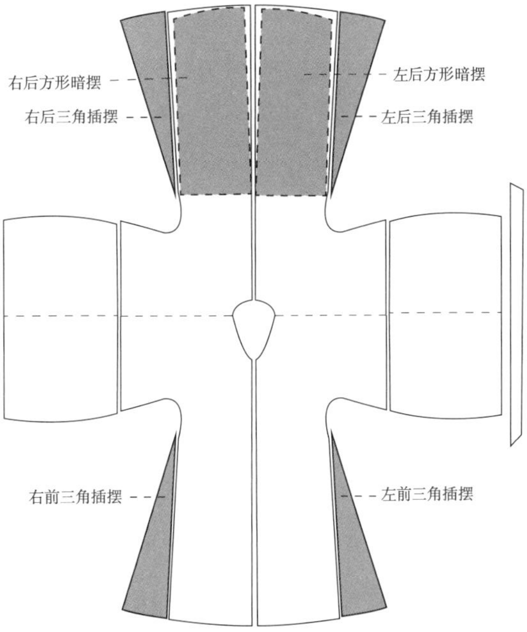

结构复原图

（在《定陵》（上）[2]图六五基础上整理绘制）

图4-16　[明代]柘黄织金妆花缎龙云肩通袖直身袍料结构图

（名称引自《定陵》（上）[3]附表：丝织匹料、袍料登记表中w248:1一行）

❶❷❸ 中国社会科学院考古研究所，定陵博物馆，北京市文物队．定陵（上、下册）[M]．北京：文物出版社，1990.

正面实物图

正面展开实物图

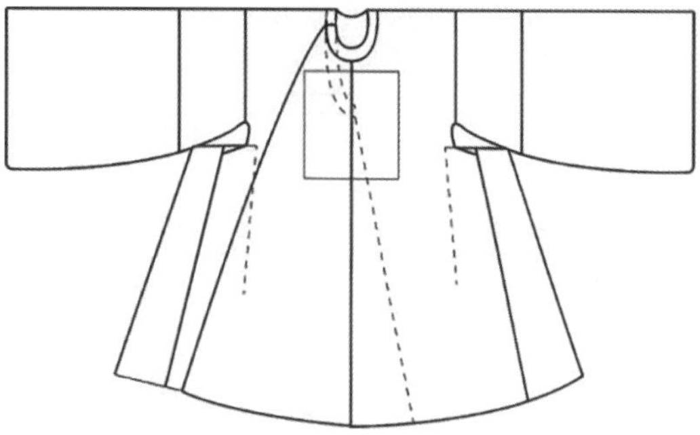

正面结构图

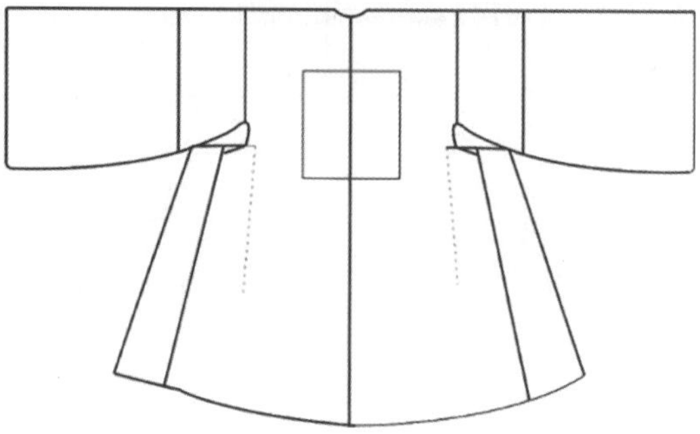

背面结构图

图4-17 [明代]四合如意云纹官袍实物及结构图 |（明清服饰收藏家李雨来藏，依据实物测量绘制）

此件官袍共十五片衣身结构（图4-18），1为右侧前后衣身，2为左侧前后衣身，3、4分别为右侧、左侧接袖，5为（外）大襟，6为（内）小襟，7、8、9、10分别为前右、前左、后右、后左出摆，11为圆领贴边，12、13、14、15为衣袖与下摆重合处的三角插片。其中，12、13、14、15为四片介于衣袖与衣身之间的三角插片，究其产生的原因，与袍服自身结构有关，同时这种结构体现了古人节物尚用的思想——此件官袍衣袖宽大，衣袖与下摆衣身部分有三角插片大小的重合，故将三角插片裁剪，以拼缝方式额外补缀，这样可以保证衣身与衣袖之间的完整性，实现最大程度的面料利用。

明代袍服实物作为历史文物，在袍服实物测量的过程中，以不折损袍服面料为原则，尽可能详细准确地进行数据采集（图4-19）。以肩线为基准线，将肩线整理至水平状态，将纱线调整至自然平直，并尽量使前中线与后中线重合。以肩线为横向基准线，前后中线为纵向基准线，横向基准线与纵向基准线在领口中线位置交汇，后续各部位数据以基准线为参照线。

袍服测量过程中，以基准参照线为标准线，对袍服主体与局部细节进行测量，并尽量减少对袍服的翻转。袍服主体尺寸是指袍服外表直观可见的服饰尺寸，包括衣身、接袖、两侧出摆、右侧大襟的尺寸；局部细节尺寸包括领口、袍服内侧小襟的尺寸等。人工测量存在部分细小误差是正常合理现象，但要控制在较小（一般为1～3cm）尺寸误差范围内。

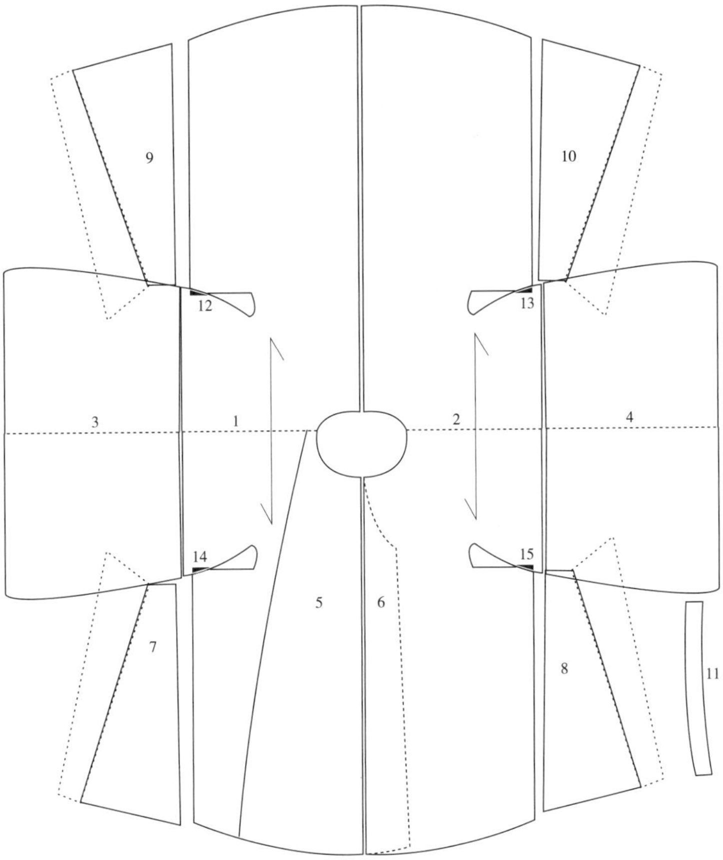

图4-18 [明代]四合如意云纹官袍裁片图

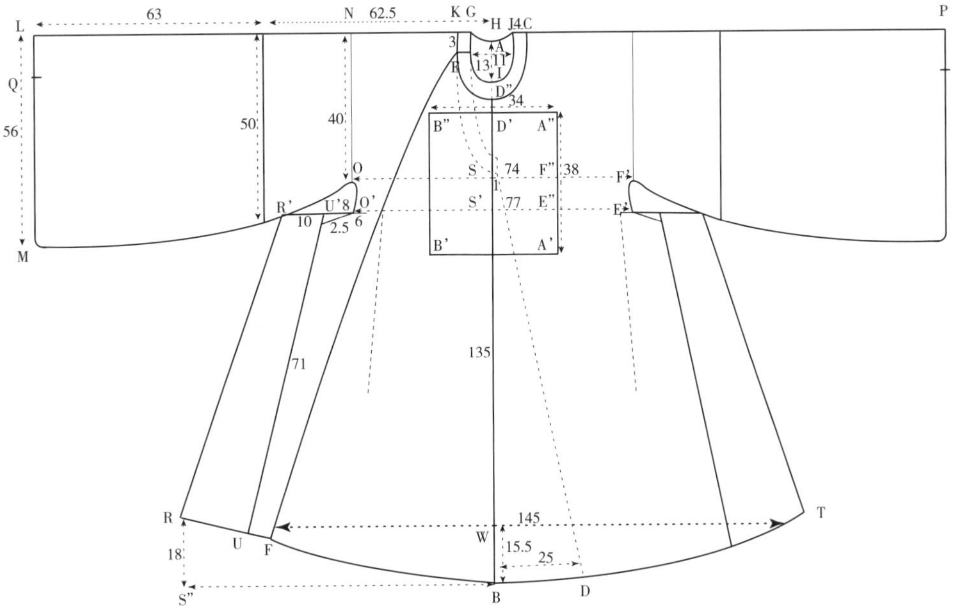

图4-19 [明代]四合如意云纹官袍测量示意图

具体实测尺寸参见下表（表4-1），此表尺寸与图4-19对应：

表4-1 [明代]四合如意云纹侧耳官袍实物测量数据表（单位：cm）

测量项目	编号	名称	尺寸	测量位置 （大、小写字母均表示端点）
衣身	1	后衣长	132	A-B，后领窝至下摆的垂直距离
	2	前衣长	134~135	C-D，侧颈点至下摆的垂直距离
	3	大襟斜长	127	E-F，大襟右侧门襟
	4	前中长	116	D″-B，前领窝至下摆的垂直距离
领	1	领圈	22 16	K-C，领直径 d-A，前领窝至后领窝
	2	前领深	15.5	D″-H，从前领窝至肩线的垂直距离
	3	后领深	3	A-H，从后领窝至肩线的垂直距离
	4	前领围长	49	从K至C的前领口弧线
	5	后领围长	21	从C至K的后领口弧线
	6	领圈贴边宽	4	C-J/K-G
	7	大襟盘领起点	肩线下3cm	K-E的垂直距离
袖	1	袖口大	16.5	L-Q的垂直距离
	2	通袖长	250	L-P的水平距离
	3	袖口宽	56	L-M的垂直距离
	4	袖肥	40	N-O的垂直距离
襟、摆局部	1	下摆起翘	18	R-S的垂直距离
	2	小襟中线到下摆	宽25起翘8.5	S-T的垂直距离
	3	大襟摆宽	直线长145	F-T的水平距离
	4	大襟摆起翘	15.5	B-B′的垂直距离
	5	大襟弧摆长	151	从F至T的弧线长度
侧耳	1	内拼缝长	71	U-U′的斜线长度
	2	外侧耳长	68	R-R′的斜线长度
	3	侧耳宽	18	O′-R′的直线距离

续表

测量项目	编号	名称	尺寸	测量位置（大、小写字母均表示端点）
侧耳	4	侧耳褶宽	6	侧耳褶子的宽度
	5	腋下与侧耳距离	7	O-O′ 的弧线长度
	6	侧耳内贴边长	73	内侧耳折到下摆里面的量
胸宽	1	腋下胸宽	74	S-O的直线距离
	2	下摆胸宽	77	S′-O的直线距离
补子	1	补子长	38	A″-A′ 的垂直距离
	2	补子宽	35	A″-B″ 的水平距离
	3	前中下量	2	D″-D′ 的垂直距离
	4	腋下至补边	14.5	F″-F′ 的水平距离
	5	补子距侧耳	21.5	E″-E′ 的水平距离
小襟	1	宽	38	S′-O′ 小襟前中线至侧缝的水平距离
	2	小襟领围弧线长	44	K-S后中至前中的弧线距离
	3	小襟领高	40	H-S的直线距离

（二）传统形制的延伸设计

根据经典形制的研究解析，以明代深衣为例将传统形制与创新设计相结合做出以下范例，如将明代深衣下摆与不同的造型工艺相结合（图4-20），通过不同形式的创新设计与深衣原版型进行拼接、错位、打褶等设计手法，保留其原有的部分形制结构，形成创新轮廓设计。

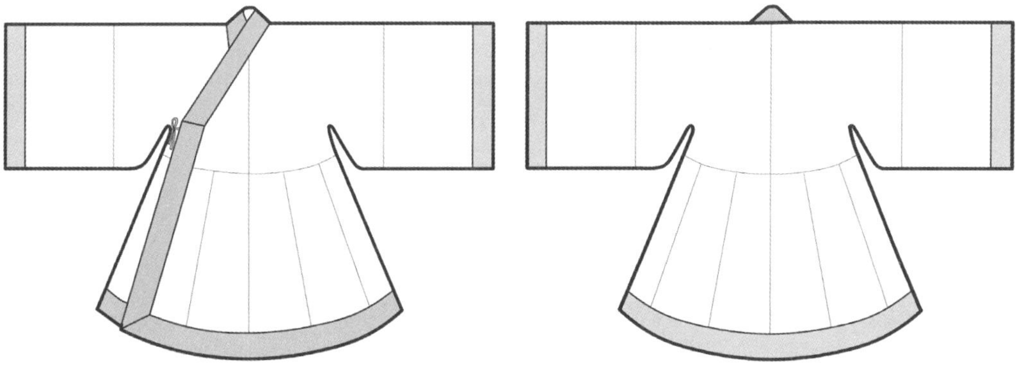

明代深衣的基础版型

图4-20

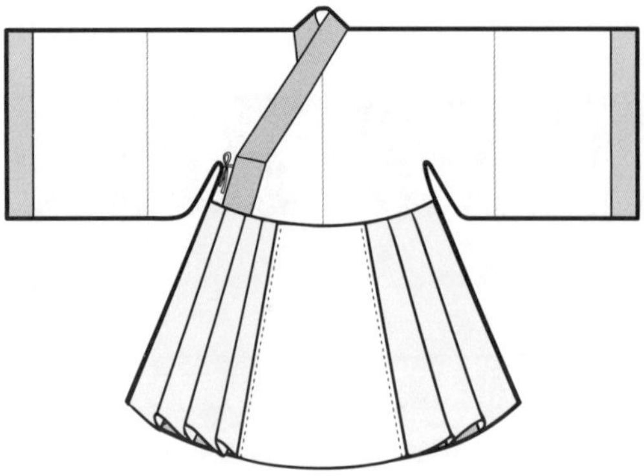
侧边褶

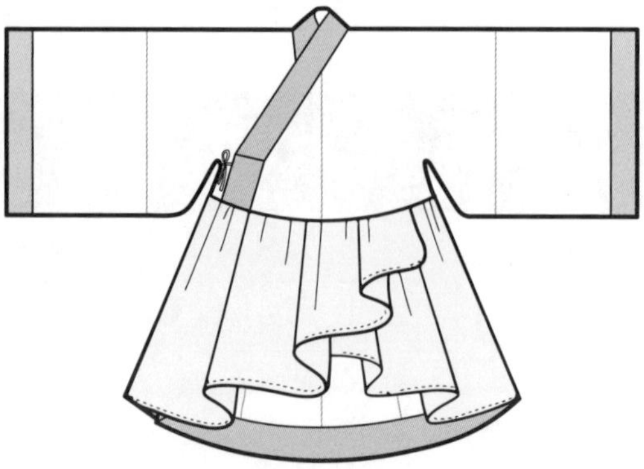
侧边不规则褶

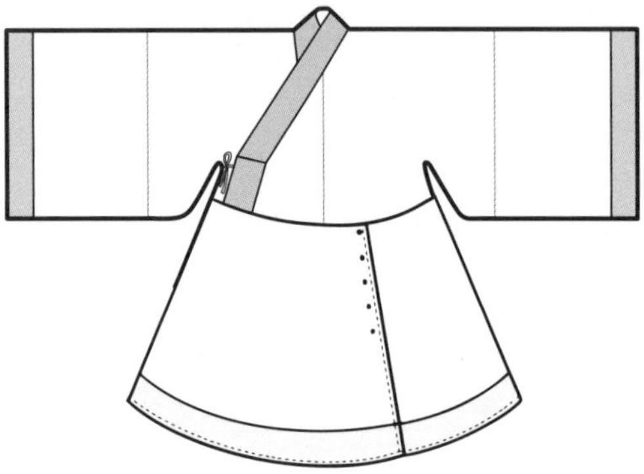
直筒侧开式

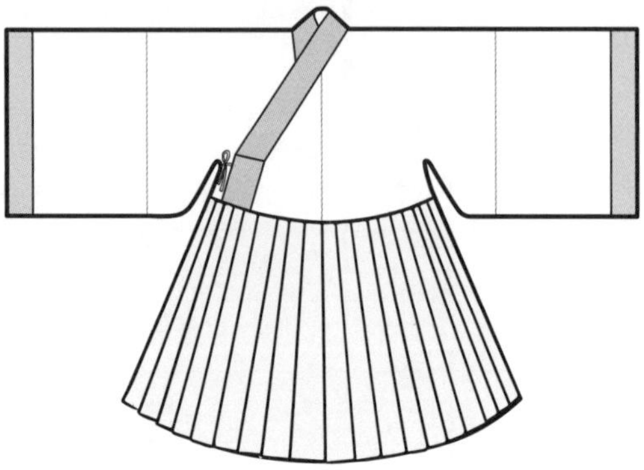
百褶式

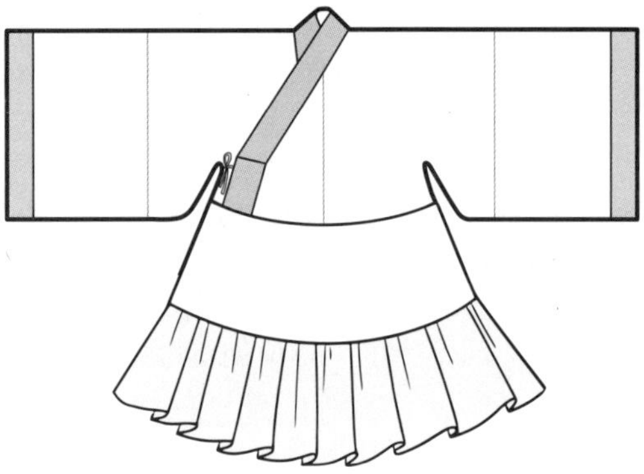
拼接百褶式

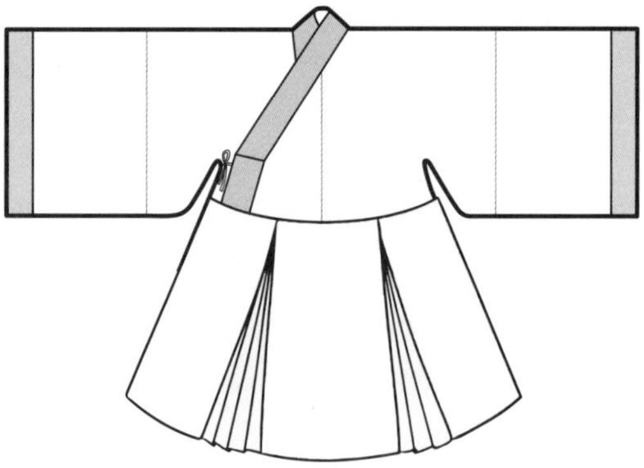
箱褶式

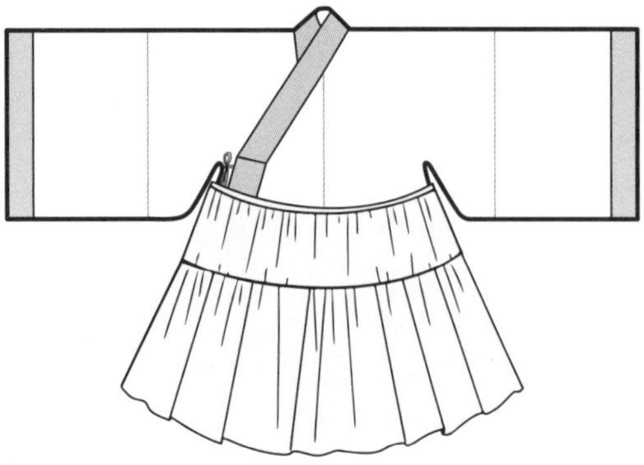
拼接褶式

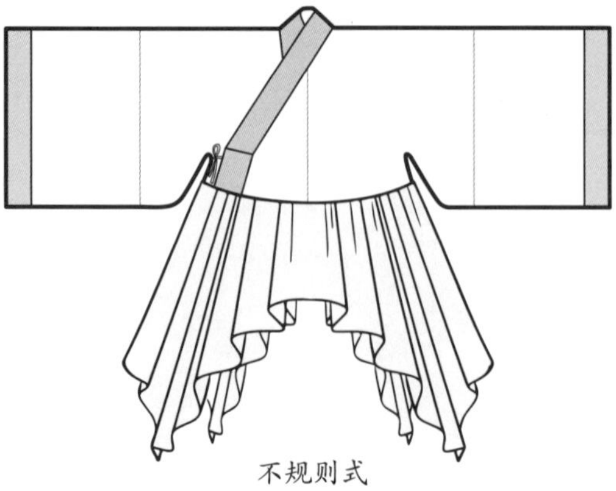
不规则式

明代深衣的延伸设计：下摆变化

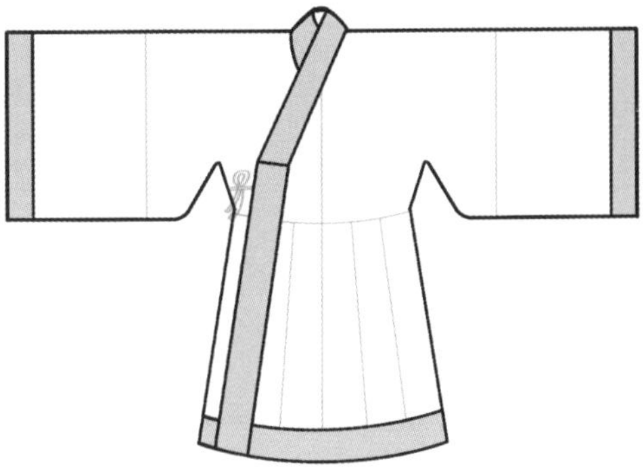

收腰式

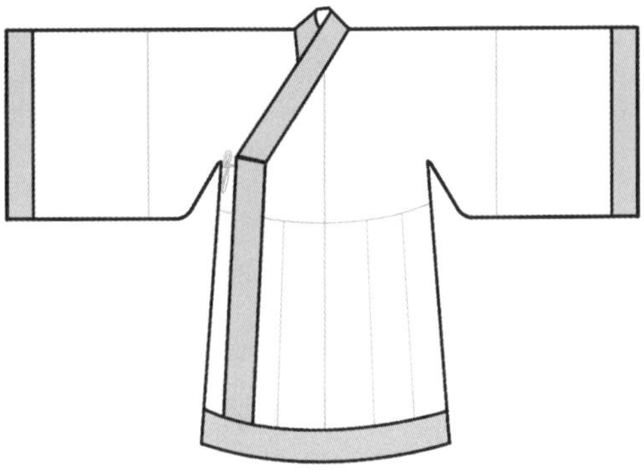

直筒式

明代深衣的延伸设计：廓型变化

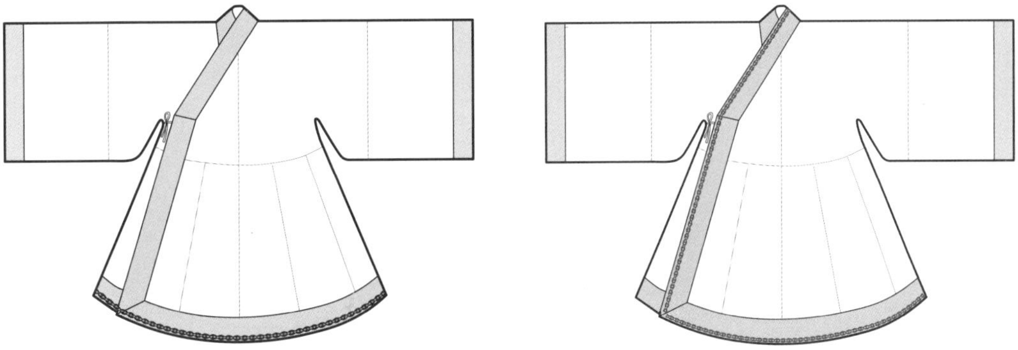

蕾丝装饰

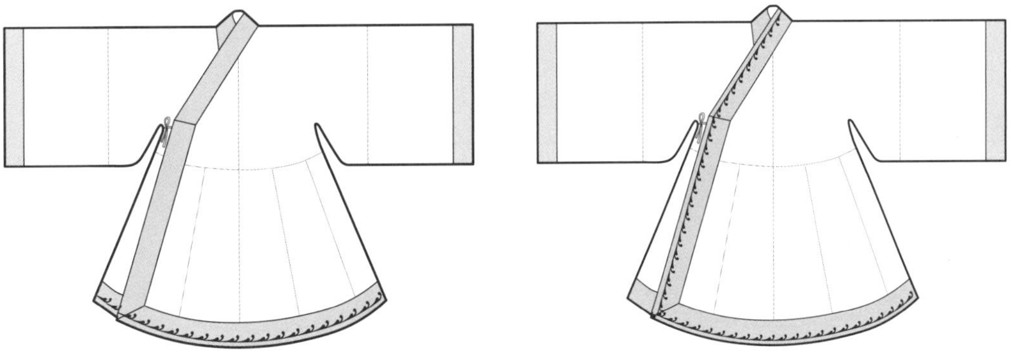

刺绣装饰

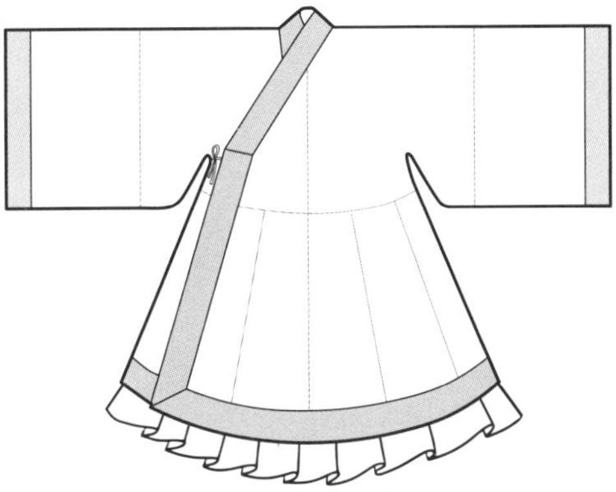

下摆拼褶装饰

图4-20

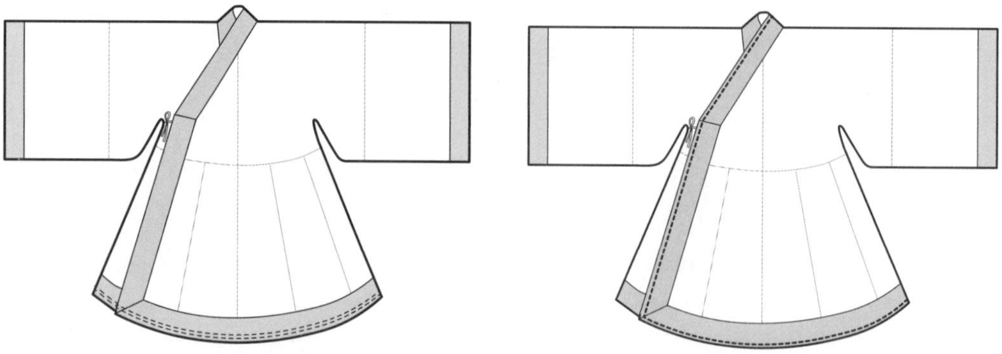

明线装饰

明代深衣的延伸设计：缘边工艺变化

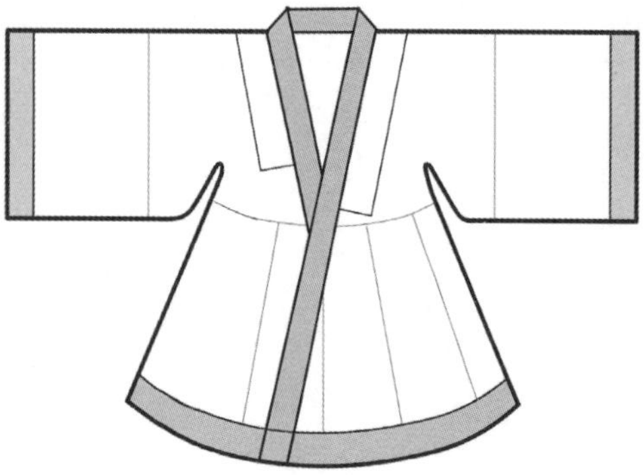

敞口型

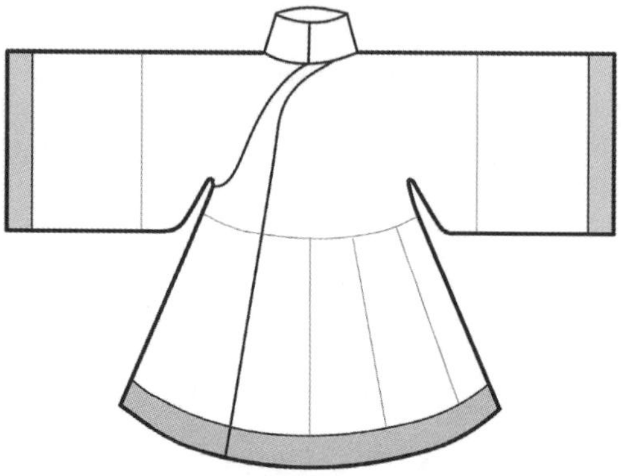

不对称流线型

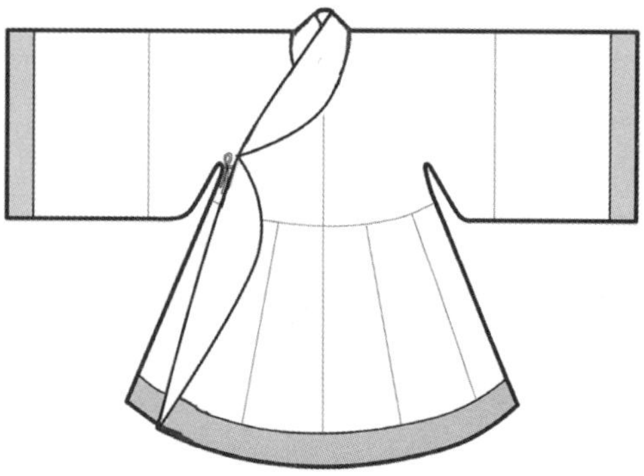

不规则滚边

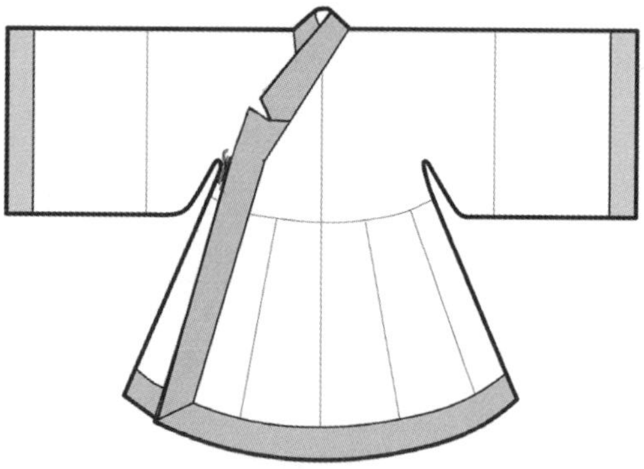

驳领式

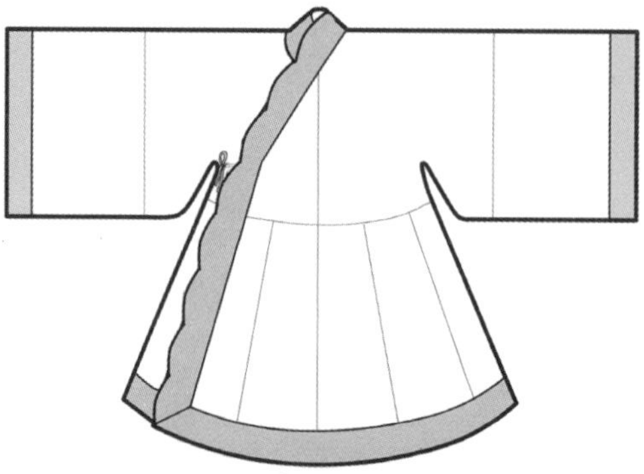

波浪式

明代深衣的延伸设计：门襟结构变化

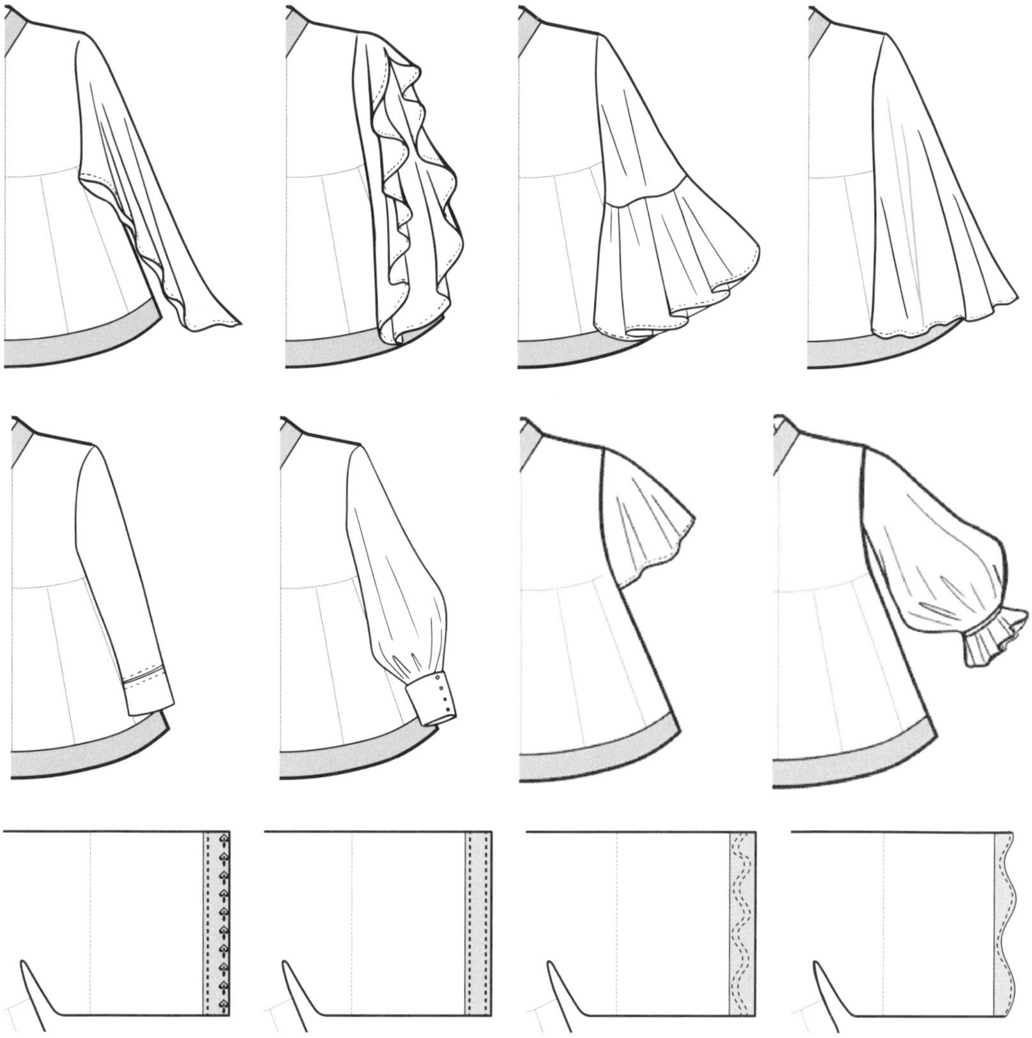

边缘刺绣　　滚边　　装饰线　　不规则边缘

明代深衣的延伸设计：袖型变化和袖口工艺变化

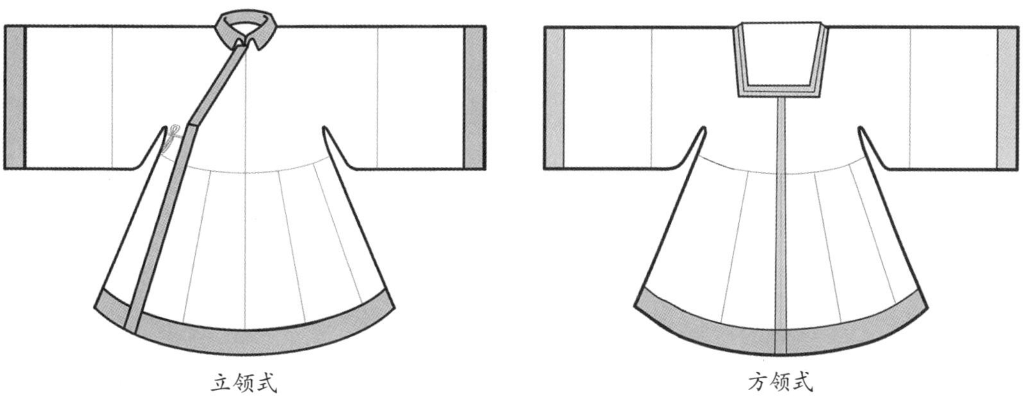

立领式　　方领式

图4-20

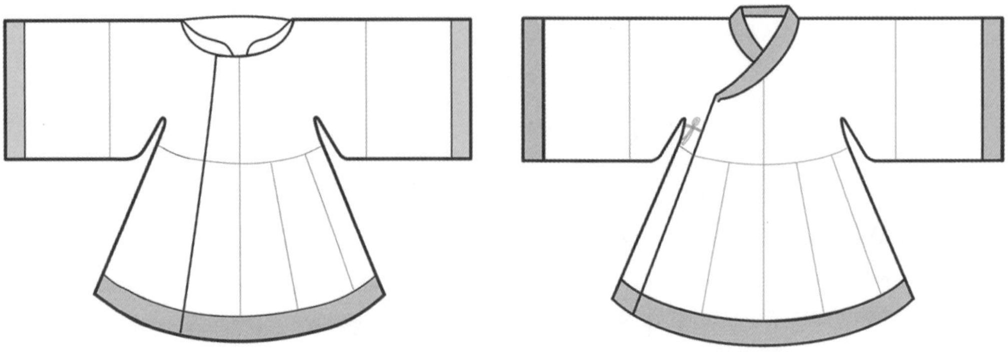

圆领式　　翻领式

明代深衣的延伸设计：领型变化

图4-20　明代深衣的延伸设计范例

（三）传统形制的创新设计方法

1.传承与延续设计

将传统服饰的经典形制与典型元素进行提取与沿用或进行概括其特征，进行创新设计或延展设计，通过借鉴传统艺术的造物思想、艺术风格和工艺技术，形成时尚的当代设计风格或艺术手法。在设计风格上主要延续传统形制、造物法则，参照前人或当代的艺术理论与艺术作品，形成自我组合规律或可延展的细节设计。这是传统服饰的常用创新手法之一，这种手法可使服饰在保留其原有艺术风格和历史元素的前提下，拥有全新的设计感与艺术感。在设计中延续古人造物的特定文化意境与精神气质，可以较快地提升整个设计作品的深度与美感，提高整体设计的品味与水平，形成新时代的文化内涵。（图4–21）

图4-21　传承与延续在形制创新中的应用 | 夏姿陈2019春夏高级定制系列

2.变形与夸张设计

将原有素材通过对元素、廓型、结构等进行变形或夸张、夸大其原有的特征，来进行的创新设计。变形与夸张的设计方法不是刻意强调结构或元素，而是突出设计师作品的个人风格，通过这种设计手法能够将设计师对或明确或隐晦的内涵通过个人的理解更好地表达出来，使创新设计的作品风格更加浓郁和明确，富有更多象征性。夸张与变形设计手法在服装设计中较为常见，这种手法常运用于局部的细节处理或整体的廓型变化，把原有的特征状态放大和缩小，形成视觉上的强化与弱化，以达到设计师的目的。

变形与夸张手法由设计目的而定，在较为极端的夸张设计中应选择最合适的状态和形式应用在整体服饰中，以达到服饰的整体和谐。除廓型外，还可从装饰、面料进行变形与夸张。通过重叠、组合、变换、移动等手法，可以从高低、长短、粗细、轻重、厚薄、软硬等多方面进行极限夸张。通过艺术的夸张手法，使原有的形态得到变化，使之符合设计主题的定位，同时也达到一种当代形式美的效果。传统服饰通过变形与夸张手法应用在创新服饰中，能够创造出新式的设计风格和主题风格更加强烈的系列服饰。（图4–22）

图4-22　变形与夸张在形制创新中的应用 | John Galliano1997高级定制系列

3.解构与重构

解构的核心内容是分解、重构，通过分解提取原有的设计风格或设计元素，提取关键信息点进行重新构造，如为了达到特殊的视角效果，将图形、图像等视觉元素进行有意识地拼贴和重组。解构手法最大的特点在于打破原始设计的完整形象与传统意义，重新构建新的艺术基因与设计元素，属于设计创造，在创作新的艺术作品的时候，无论是解构、重构都不是简单地拆解或重组，而是要表现出适合当下时尚范畴的创新。解构与重构手法可以推陈出新，增强生动性，产生出意想不到的效果。（图4–23）

Gucci 2016春夏　Prada 2008春夏　Le fame 2019秋冬　Louis Vuitton 2011春夏

图4-23　解构与重构在形制创新中的应用

二、传统风格的面料创新

（一）纹样设计

传统服饰及日常用品上的纹样题材都直接或间接来源于对自然界各种生物的模拟或抽象概括，如花鸟鱼虫、飞禽走兽、人物形象、自然景观和喜庆场面以及宗教活动、民间生活场景的描述等。传统服装及多样的服饰品上采用各种技法与视觉效果的装饰纹样，日常服装上一般装饰在衣片的胸前和后背、袖片、袖口、襟边、领口、下摆、裙片和裤脚口等部位，这些纹样既是一种图案造型艺术，又是民间情感传递的载体。华夏文明的图案元素许多时候都是在“写意”，可以是“意会”，亦可以是“会意”，不可言说，但美，正在于此。如梅兰竹菊号称花中四君子，成为中国人感物喻志的象征，同时也是中国画的传统题材，将有限的植本的特性升华为内在的精神品质和永恒无限之美。在传统服饰中，纹样也多以各类元素组合的形式来表达寓意，较为常见的有“三多纹”“蝶恋花”“凤戏牡丹”“喜鹊登梅”“麒麟送子”“鱼戏莲”“鱼穿莲”“莲生贵子”等组合图案。（图4–24）

刺绣裙片　刺绣片　荷包

图4-24　纹样在传统服装上的应用

通过模仿、转换、联想、组合、夸张、类比等新的设计手段，运用印、染、织、绣等手工技艺将它们表现于当代时尚服饰、服饰品以及家用纺织品上，有的是对传统图案形式的变异模仿，有的赋予它们特定的民间、民俗意义，有的发扬民间艺人的自由创作杰作，由此创造出新时代精美无比的纺织、印花图案艺术，又达到表现传统服饰风格的目的。如图4–25运用牡丹仙鹤以及传统植物花卉为主题，通过创作再设计从而达到时尚服饰创新的目的。

图4-25　纹样在面料创新上的应用

（二）纺织品面料设计

中国古代丝织品有绢、纱、绮、绫、罗、锦、缎、缂丝等。现代丝织品则依据组织结构、原料、工艺、外观及用途，分成纱、罗、绫、绢、纺、绡、绉、锦、缎、绨、葛、呢、绒、绸14大类。丝绸织造，即丝织工艺，是将生丝作为经丝、纬丝，交织制成丝织品的过程。各类丝织品的生产过程不尽相同，大体可分为生织和熟织两类。生织，是经纬丝不经炼染而制成织物，称为坯绸，然后再将坯绸炼染为成品。熟织，是指经纬丝在织造前先染色，织成后的坯绸不需再经炼染即成成品，这种方式多用于高级丝织物的生产，如织锦缎、塔夫绸等。民间丝绸织造典型的有织锦、提花、缂丝以及烂花等。

图4-26　提花织物在面料创新中的应用 | Sanit Laurent 2020高级定制系列

通过参考丰富的传统组织解构，设计出新组织结构的织物面料，或使用传统组织解构进行创新工艺设计，都可以提升整体服饰的中国风韵味。（图4–26）

（三）面料的肌理再造

肌理的塑造具有装饰服装的效果，可以增强服饰在局部细节的视觉感与丰富度，提升服饰的整体风格与艺术性。肌理通过各种不同的工艺技法从而实现面料的层次化，在充分利用面料材质的基础上进行有意识地拼接、编织等手法，使塑造后的面料和服饰具有强烈的立体感与视觉冲击力，这种手法经常用于服饰创作中，能够使艺术作品产生独特的质感。肌理再造以发挥材料本身最大限度的特性为主，例如依据不同面料的悬垂感或厚薄感，运用合理的组织技法去处理不同材质的面料，是最为重要的技巧。（图4–27）

图4-27　肌理在面料创新中的应用 | Zuhair Murad 2019高级定制春夏系列

除此之外，镂空、压褶等方法也能使面料的肌理产生不同的变化，为传统服饰创新设计带来不一样的视觉感受，设计师应该善用不同的方法来展现这一变化。

三、传统风格的装饰创新

（一）传统装饰手法

装饰设计手法是最为传统且常用的方法。装饰通常起到画龙点睛、提高整体服饰精致度的作用。传统服饰的装饰手法通常有刺绣、盘扣、特殊线迹、织带、花边、钉珠等。通过装饰将传统服饰的设计风格增强，恰到好处的装饰可以增加整体服饰的情趣，为服饰增加华丽度或增强服饰的艺术感染力。装饰也需要与整体服饰相互呼应，成为不可分割的部分。

传统服饰上的装饰工艺极其丰富，运用不同的装饰工艺可以使服饰形成不同的艺术风格。民间服饰上的装饰技艺有镶滚、刺绣、拼接、钉珠等（图4–28），这些装饰技艺最初的用途是为了美化并保护衣服尤其边缘，加固衣边牢度、防磨损，勾勒出服装的框架，增加服装的悬垂度，使衣服穿着时更加服帖合体。

装饰作为一种技艺，成为传统服饰雅致和细腻的象征。装饰工艺是实用性与审美性的巧妙结合，它在满足人类生活、生存需求的同时，更利于展现生活绚丽的色彩。服饰品上的装饰工艺，诸如刺绣、镶嵌、滚边及其他装饰手法和精湛工艺也往往同时交叉组合使用，体现出我国传统服饰装饰工艺上的丰富多彩与巧妙精良。

（二）当代装饰创新

装饰手法的多样性增强了服饰的丰富度，通过提取传统服饰的装饰元素应用于现代服饰设计中，是最为直接的传统服饰创新设计方法。（图4–28）

Gucci 2016春夏高级成衣　　Armani Privé 高级时装

图4–28　提取传统在装饰创新中的应用

1.装饰的抽象与具象

抽象与具象装饰手法是较为常用的装饰手法。抽象形态源自于内在的精神与审美感受，是思想、情感活动经由心生的结果，它集夸张、变形、概括、重构等一系列形式法则为一体。设计作品可通过抽象与具象手法将图形、符号等元素形成全新的形式表达，使服装整体造型具有韵味与美感。通常可将自然物体通过主观的情感、思想处理，形成抽象的结构、造型。这种手法多采用于具象物体如植物花卉、动物等元素，通过对其抽象化处理，主观加强其特征或造型，重新组合成新的结构或造型，以达到似花非花、似物非物的视觉效果，在视觉效果上呈现更多情感与韵律，增强整体服饰的艺术风格与高级感。（图4–29）

Dries Van Noten2017秋冬　Dries Van Noten2012秋冬　Gucci 2016春夏　Dries Van Noten2015秋冬

图4–29　抽象与具象在装饰创新中的应用

2.经典形制的点缀与强调

经典形制是具有典型性的传统服饰特征，通过对传统形制进行强调与点缀以突出其款式是最为主要的特点，达到增强服饰艺术风格的表达。视觉中的强调通常含有对比的意思，可通过重复、叠加、夸张等手法对主要特征进行强调。通过强调手法可突出设计中的某个部分，在视觉上会得到加强，在整体服饰中成为主导性的艺术风格，使得传统服饰中的经典形制在传承优秀传统服饰文化的同时起着装饰、标识的作用。（图4–30）

Armani Privé 2009　Le Fame 2019　Elie Saab 2019秋冬　Miumiu 2003春夏

图4–30　点缀与强调在装饰创新中的应用

四、传统风格的搭配创新

（一）传统着装搭配

传统着装搭配是指古代成套服饰的着装配置样式，这些古着样式，或在较大的范围内被认可，或在较长的时期内被沿用。古代套装形成的原因不一，主要有依礼遵循服制的，如玄衣纁裳；也有追逐个性的，如褒衣博带；有安贫守道的，如布裙荆钗；有源于习俗的，如披麻带孝。传统衣裳搭配样式，主要是建立在礼制基础之上，比较严格；而民间样式多属于约定俗成，带有较大的随意性。由于中国传统服饰种类繁多，以及着装制度和习俗的不断变化，因此，古代着装样式在历史的演进中时有转换，有些逐渐兴起，有些则逐渐消隐[1]。在衣裳搭配上，玄衣纁裳、短襦长裙、褶衣缚裤、霓裳羽衣、青裙缟袂、绿衣黄裳、长袍马褂等；在服饰搭配上，杂裾垂髾、褒衣博带、华桂飞髾、锦衣玉带、广袖高髻、凤冠霞帔、顶戴花翎等。

（二）当代着装搭配创新

1. 中西合璧

传统服饰的搭配暗含阶级性、强制性和稳定性，而当代传统服饰搭配相反，具有人性化、自由性和变化性。传统服饰文化影响下的当代着装搭配，从服饰品类上更加细化，服装之外有头饰、首妆、帽饰、箱包、腰饰、鞋子等，从服饰风格上更加多元，传统与现代、主流与民族等。中西搭配的设计方法分为两种：时间追忆法，即中式的传统服饰文化元素以西式的设计语言来应用的过程中，再演或者重塑历史中的服饰元素而进行的搭配设计，如对团扇与旗袍、宝剑与汉服、清帽与满服等进行全新的演绎；空间调和法，即中式的传统服饰文化与西式的服饰文化的融合与创新，如西装、礼帽、吊带装等与旗袍的搭配。（图4–31）

图4-31　中西合璧在着装搭配创新中的应用　|　John Galliano 1997 高级定制系列

[1] 缪良云.中国衣经[M].上海:上海文化出版社,2000.

2.古今贯通

随着近年来“国潮”的兴起与流行，国风美学生活方式体现在上班一族中，带有汉服风格的全新搭配逐渐出现，出现了以不同的场合与背景需要为区别的新型服装搭配。如通勤装通常以正装的极简风格或便捷的运动风格与传统元素混搭，而场合装的搭配以礼服与传统元素混搭，较之前纯粹的西式礼服更加丰富，风格也更加多变，混搭手法成为较为常见的搭配手法。（图4–32）

图4–32　古今贯通在着装搭配创新中的应用 ｜ SHELLY JIN品牌墨韵系列

综上所述，传统风格的范式形成是中国民族品牌成熟的标志。传统风格范式的切入点在于，以专业的知识传递准确的中华传统文化元素；通过形制创新、面料创新、装饰创新、搭配创新等专业纺、织、染、绣及设计手法演绎新时代的新时尚。

课后思考练习

1.以深衣为例，运用传统风格的形制创新设计方法，在形制上都进行了哪些创新设计？

2.传统风格的面料创新设计中，纹样设计和纺织品面料设计都是如何运用的？

3.分析在传统风格的服饰的设计中，常用到的装饰创新手法都有哪些？

4.综合运用传统风格的创新设计方法，设计系列服装设计，以服装效果图形式表现。

本讲拓展阅读书目

[1]王群山.服饰华章中国传统服饰图案传承与创新[M].北京:中国纺织出版社,2019.
[2]袁大鹏.服装创新设计[M].北京:中国纺织出版社,2019.
[3]梁明玉.服装设计:从创意到成衣[M].北京:中国纺织出版社,2018.
[4]袁海明.中国民族服装艺术传承与发展[M].长春:吉林美术出版社,2018.
[5]余雅林.装饰图案设计与表现[M].上海:上海人民美术出版社,2017.
[6]燕平.服饰图案设计[M].上海：东华大学出版社,2014.
[7]邹加勉.中国传统服饰图案与配色[M].大连:大连理工大学出版社,2010.
[8]马蓉.民族服饰语言的时尚运用[M].重庆:重庆大学出版社,2009.

第五讲

创新设计体系Ⅲ——传统服饰高级定制

第一节 传统服饰高级定制概述

学习目的和能力要求：

通过对传统服饰中不同的构成要素赋予其相应的定量与变量属性，依据客户定制需求，完成度身定制的三层表现形式，体现中国风的流行度身设计。

学习重点和难点：

教授学生掌握度身定制的概念，度身定制的设计构成与表征。

一、传统服饰定制的提出及概念界定

定制，区别于工业时代之后的批量成衣生产，主要依着装的场合、设计的价值以及制作的复杂程度来划分。近年来，在中国的定制市场中伴有各式各样的定制名词，如高级定制、私人定制、轻定制、微定制、华服定制、网络定制等，一方面，设计师工作室、传统服装定制工作室在一线和二线城市普遍分布，但设计水准良莠不齐，另一方面，面对中国传统服饰的文化潮流，定制市场尚未提出一个专业的、可以满足顾客需求的设计提案。由此在传承中华优秀文化传统的应用场景下提出传统服饰的定制概念。（表5-1）

表5-1 传统服饰定制分类

划分标准	分类
定制的服类	中式礼服定制、中式正装定制、中式日常装定制
定制的价值	礼服属性的定制、正装属性的定制、常服属性的定制
定制的程度	全（套装）定制、半（单品）定制；个性化定制、系列化定制、规模化定制

传统服饰定制，以定制中式服饰的消费者的需求与意向为核心，将中式礼服所传达的"形""情""艺"作为定制目标和设计侧重点，即为消费者提供度身定制——**"度形""度情""度艺"**的意向性选择，有**国潮形制定制**、**民族情感定制**、**中华意象定制**三种不同侧重的定制模式。一方面是量身定制，满足自然人在体型、舒适度、个人喜好等基本需求，另一方面满足出席的社会场合和交往环境，通过服饰以贴合消费者作为社会人的职业性质、身份多样性、个人标识等特征。

传统服饰高级定制，往往代表国家形象或强调中国的民族服饰标识性的重大场合，讲究

“中式礼服”的**“礼仪之重”“服饰之端”“章纹之美”“工艺之精”**。其客户群体通常包括：个性时尚群体（参与成年礼的青少年及家人、参与婚礼的新人及家人、参与影视栏目等媒体活动的公众人物、汉服爱好者等）；文化艺术类群体（参与大型活动的书法、国画等文化界人士、设计艺术界专业人士及文艺爱好者）；出席国家及国际重要场合的群体（出席重大外交、社交场合的政企行业、院校馆所、国家机关等行政人员、会议人员、演职人员等）。

二、传统服饰度身定制的设计构成与表征

传统服饰文化构成要素丰富多样，服类主要包括旗袍、长袍、马褂等；典型部件有交立领型、盘扣、斜对门襟、开衩以及连袖等；镶、滚、刺绣、缂丝、染缬等传统工艺；织锦、丝绸、香云纱等传统面料；植物、器物、动物、人物、文字等吉祥纹样，以及相应的天人合一、备物致用等理念。对以上构成要素赋予其相应的定量与变量属性，依据客户定制需求，设置两个变量的个性要素，通过度的把握，即可构成高级定制的度身设计特征。度身设计在形、情、艺的三个层面表现形式之间各自独立而又彼此相依。(图5–1)

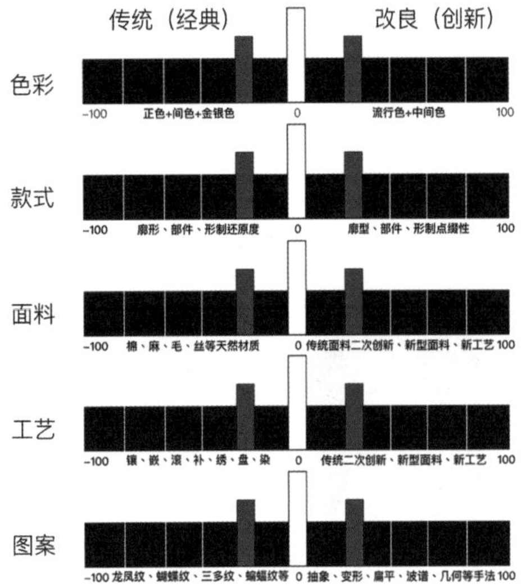

图5-1 构成要素中变量属性分类

（一）高级定制的“度形”设计构成

度形定制，“形”针对两个方面，根据人的身高、体重、体型等生理层面的要素，以及定制服饰的外观造型要素。在生理、心理、社会三大层面中，度形定制以生理层面和心理层面占主导地位，社会层面占从属地位。在满足生理层面的基础上，对传统服饰的廓型、款式、结构或肌理等外观形制有个性化风格要求的定制群体，满足其求异求新、追求独特的心理特征。

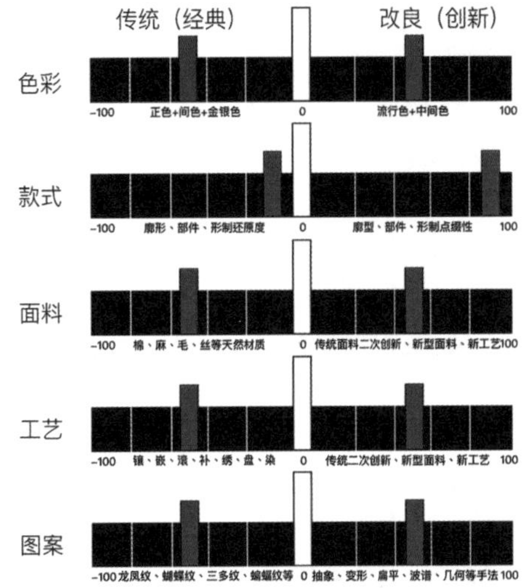

图5-2 度形定制变量指标

以创意个性化的度形定制为例（图5–2），其中以款式的指标变动为主，传统（经典）

指标为0%~20%，改良（创新）指标为80%~100%，改良（创新）款式指标变动弹性较大；而关于色彩、面料、工艺等变量可以根据定制客户的需求进行一定幅度的改动。

中式服饰的外观——“形”，可概括为经典类和创意类。经典类的度身定制，基本等同于传统风格的量身定制，中式服饰文化由古至今，无论男装还是女装服饰都具有多样性、层次性以及朝代代表性；而创意类的度身定制，可根据中西方对中式服饰文化元素的应用与创新、古今融创的现状整理归纳，如当代中式服饰形制可包括上衣下裙、上下连属裙、上衣下裤和混搭式，其廓型可为曳地型、斗篷型、鱼尾型、夸肩型、蜂腰型等。（图5–3）

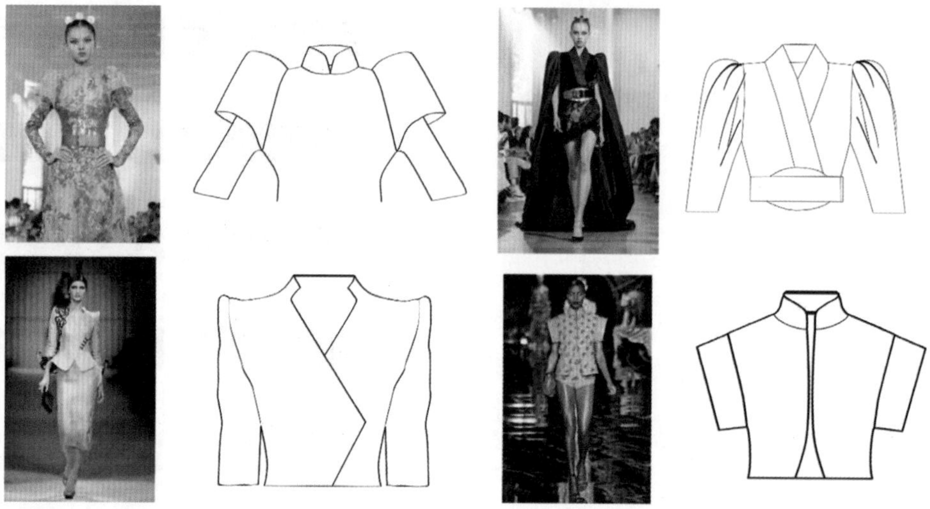

中式领型

斗篷型上衣

郭培 2019 春夏

盖娅传说 2017 春夏

曳地型下裳

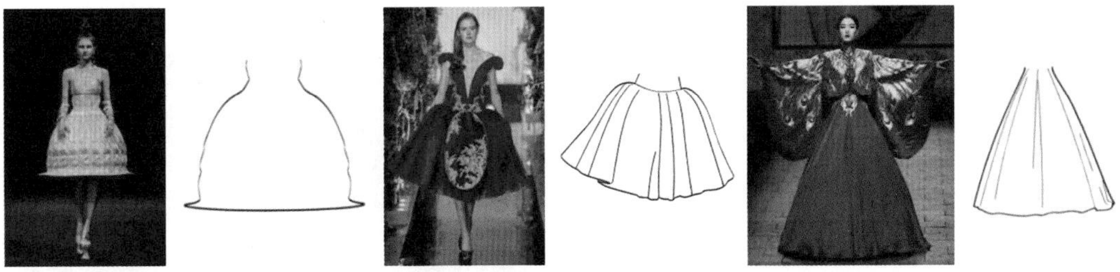

蜂腰型下裳

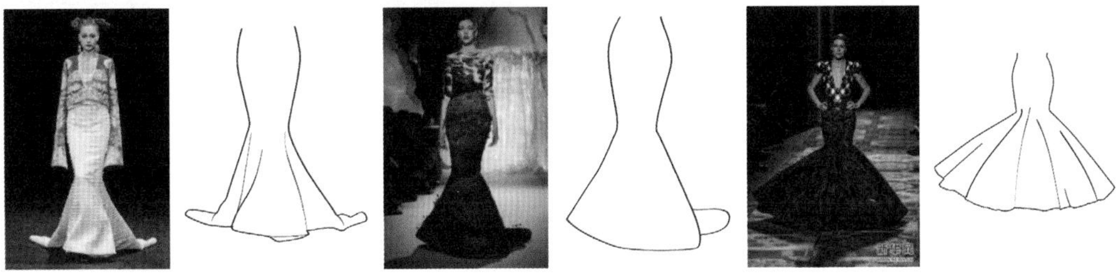

郭培 2019春夏　　劳伦斯·许 2017　　劳伦斯·许 2010

鱼尾型下裳

图5-3　中式礼服的度“形”设计样例

（二）高级定制的“度情”设计构成

度情定制，强调中式场景化和民族情感化的设计，如婚礼、商务、主持、演出、聚会等重要场合进行的定制设计。在满足生理层面的基础上，以心理层面和社会层面为主导，满足定制顾客的教育背景、文化程度、审美取向等心理层面的需求。穿着定制服饰出席重要场合，能展现个体或团体的高端格调、独特韵味以及东方气质，给人以精神上的自我满足感和文化上的归属感。

度情定制设计中，对于传统（经典）与改良（创新）的权衡整体较为中庸，变量指标具有相对稳定的特征。主要定制服饰品类为正装类和礼服类，定制服饰款式风格讲究严谨、礼仪、大气、正统，图案纹样讲究象征性与影响性，这种对传统中式服饰的改良与升级，凸显出个性要求要服从于场合要求的特征。（图5-4）

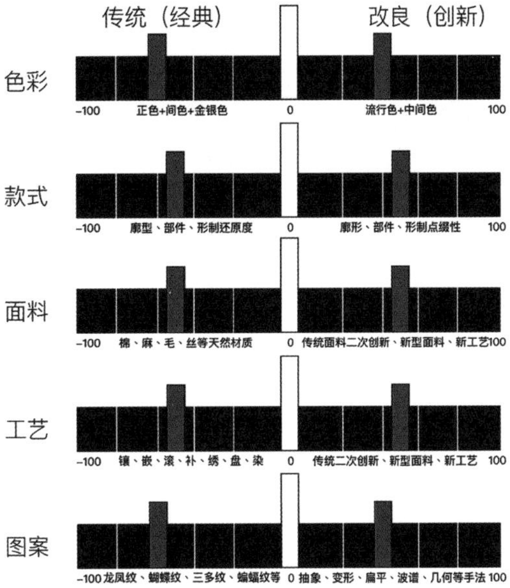

图5-4　度情定制变量指标

图5-5　郭培高定囍服

如设计师郭培在中式婚礼服的设计上，新娘装是红底金绣凤凰长袖褂裙，上衣部分将晚清经典的坎肩形制进行改良，腰部两侧的设计从中国古建筑中的飞檐翘角中汲取灵感，同时在传统中式图案基础上，加入蝴蝶结等浪漫的法式元素，包括来自19世纪的欧洲古典纹样；新郎身着红底金绣龙纹中式上衣以及红色长衫，局部装饰对龙云纹、海水江崖纹，在传统中式美学中注入简约现代美感，整体映衬和展示出新人的典雅高贵。（图5-5）

如设计师曾凤飞以遵循古礼，同时体现现代服饰的功能用途为基本原则，沿袭宫廷服饰品类，全新定义礼服、吉服、常服和行服，并以此四大类作为其产品分类标准。礼服，礼仪场合所选用的着装，强调内外、上下搭配，用料极其考究，遵循现代简约设计原则，宣扬一种低调的奢华理念。吉服，强调中国节庆文化特质的传统节日着装，体现中国男子的儒雅和女子的温良气质。常服，日常休闲服饰，追求自然与舒适性。行服，休旅服饰，注重易于打理、轻便、保暖、耐磨等日常实用功能。（图5-6）

图5-6　曾凤飞2019春夏系列

（三）高级定制的“度艺”设计构成

度艺定制，以艺术化或意象性的设计，达到设计价值、情感需要、重要场合的三层共鸣，以生理层面为基础，以心理层面和社会层面占主导地位。与度情定制的不同在于，度艺定制在应用场合和需求层次上更具普适性，具体表现为塑造中国人的民族形象或承载中国文化符号的功能。

2014年3月22日，中国领导人携夫人出访荷兰，这是现任领导人首次穿中式服装出席正式外交场合，充分展示了中国文化的风采，也体现了中国在外交上的自信姿态。中国著名服装设计师邓兆萍说，“带有中国元素的绣花斗篷，搭配粉绿色的立领长礼服，立领和绣花都代表了中国特色。女士旗袍面料的飘逸与男士改良中山装的紧致熨帖形成一松一紧的结构搭配，中国特色十足。同一件中式礼服也可以多配多穿，一方面比较环保，另一方面也符合我国提倡节约的规定。中华立领男装，是在中山装的基础上的一种改良，领子是立着的，兜是暗兜，而不是贴兜，扣子也是暗扣，显得非常精干、稳重。”

承载中国文化符号的功能具体表现为两点。第一，对中式服饰文化要素的承扬，以传统刺绣织染的匠艺匠心对传统工艺、传统形制进行复现等，从色彩、款式、面料、工艺等选择其中一变量作为设计要点，复原性与传统性程度较高；第二，在当代度身定制服饰中渗透中式服饰文化造物思想，其中蕴含的故事与文化，抑或对理想与现实、传统与现代的反思等，定制变量更偏向于改良（创新）后的定制服饰，以中式服饰文化中代表性要素作为表征，在当代定制服饰中融合与创新。“艺”的关键词概括为：艺境/意蕴、反思、工匠精神、复现传统等。（图5–7）

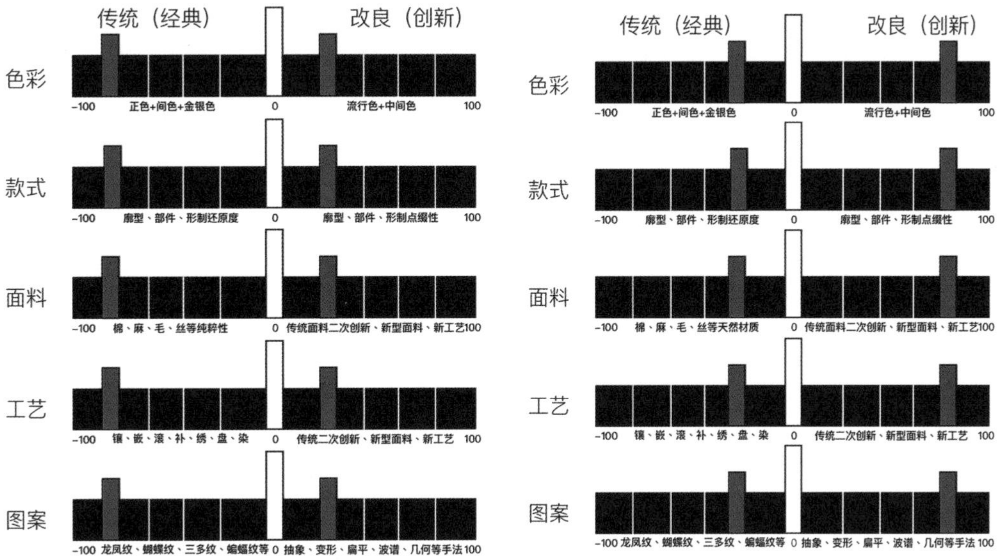

图5-7　度艺定制变量指标

课后思考练习

1.传统服饰定制的度身设计构成与表征，体现在哪几个方面?

2.找出2~3个近年来能体现中国风流行的度身定制设计的典型服饰案例，通过图文并茂的形式进行详细的分析阐述。

第二节　传统服饰度身定制的设计案例

学习目的和能力要求：

通过进行服饰案例的分析，从主题说明、设计思路、主题色彩与面料、工艺说明、设计演变过程、设计图稿、面料加工与制作、作品展示等几个方面阐述了度身定制的概念和特点。

学习重点和难点：

从度形、度情、度艺三个角度分别进行了典型案例的分析，培养学生在实践中综合设计和解决问题的能力。

一、某大学民乐团演出服定制

定制对象	年龄	职业	学历	数量
某大学民乐团	20岁左右	学生	在读本科生	女40套、男20套

1.访谈调研

通过某校民乐小合唱团的负责老师了解到，定制的目标群体为大学生，整体表现传统的、积极向上的、富有精气神的中国青年形象。民乐团服装在外观形象上与舞台服装大致相同，尤其是女装，因此基本上要满足舞台服装的基本要求，如便于表演与活动、满足观众的审美需求、设计应力求与全局的演出风格统一或者设计要素迎合时尚的流行趋势等。具体到定制服装上，最终确定——女装定制服装的形制为上衣下裙，上衣的款式为蓝色改良倒大袖，面料为具有光泽度和廓型感的395缎，色彩较鲜亮，在胸前设计喜鹊登梅的团纹，下裙为长至脚背的黑色半身裙，选择悬垂性较好的高端提花竹节麻面料；男装定制服装为黑色中华立领外套，高支精纺羊毛西装面料。

乐团老师提到，定制小团队的演出服是有一定的原因的。一方面，作为较为知名的民乐团体，应当具有团体特色和风格，这不仅代表的是师生形象，更是传达一个学校的形象和文化底蕴深厚与否；另一方面，要满足民乐团定制群体的个性需求，无论是男生还是女生，组员们在体型上存在较大的差异性，因此定制演出服装也是为了组员能够穿上合体的特色服装。因此根据这一文艺群体的需要，度形定制设计上强调了精湛的工艺、优质的面料、民国学生装的款式改良，以此展现民乐团温良儒雅、文艺特色的青年气质形象。

2.设计方案及效果图

根据调研分别得出男、女装尺寸，相应设计方案及效果图如表5-2、表5-3所示。

表5-2 民乐团男装尺寸数据统计表及男装设计方案

民乐团中式立领男装外套20套					
1	身高	170（3套）	175（7套）	180（7套）	180（特体3套）
2	体重	120	172	136	240
3	领围	38	41	40	49.5
4	胸围	90	100	84	122.5
5	腰围	87	95	76	123.5
6	臀围	97	106	98	131
7	肩宽	38	49	46	51.5
8	前胸宽	52	56	50	58
9	后背宽	42	50	48	59
10	袖窿围	48	56	46	56
11	大臂围	30	35	30	43.5
12	衣长	65	73	71	72
13	袖长	58.5	63	60	67.5
14	掌围	21	27	24.5	26.5

注：中式立领外套、尺寸加了1~2指的松量，纯黑色、两粒扣、后中开衩、乐团服饰需要考虑袖窿、肩部等活动量；衣长和袖长量体时到虎口处的。

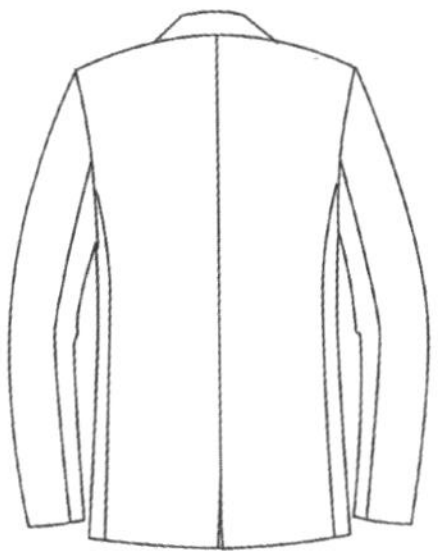

表5-3 民乐团女装尺寸数据统计表及女装设计方案

民乐团中式女装演出服45套					
1	尺寸（cm）	S（6套）	M（17套）	L（16套）	XL（6套）
2	身高	160	163	166	170
3	肩宽	39.5	41	41	45.5
4	颈围	36.5	37	34	39.5
5	胸围	88.5	90	82.5	106
6	腰围	76	77.5	68.5	98.5
7	臀围	93	94.5	94.5	110.5
8	大臂围	28.5	30	26	43.5

续表

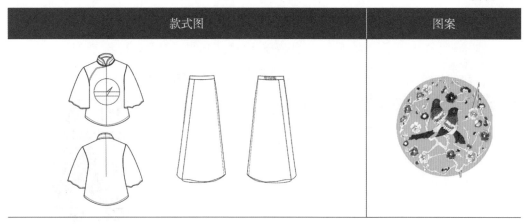

款式图	图案
	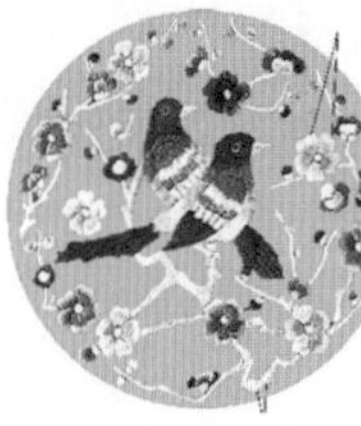
设计要求：面料上衣能体现质感，具有一定的光泽效果以达到舞台效果，半裙面料悬垂性较好且哑光； 价　格：500~800元/每套。	

3.定制服装展示（图5-8）

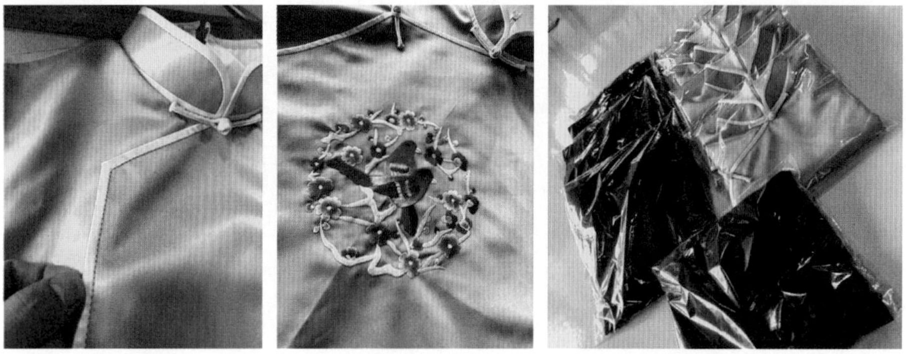

手工盘扣　　手堆绣刺绣　　整理打包

图5-8　民乐团定制服装

4.定制服装现场效果（图5-9）

图5-9　民乐团演出现场

二、某省民乐团指挥家演出服定制

定制对象	年龄	职业	最高学历	月收入
张先生	40岁	某省民乐团指挥	研究生	10000

1.访谈调研

与张先生进行访谈之后，指挥服的设计要点关键在于外套和衬衫的领子、门襟、袖子等部位，中式立领外套草图设计仍然是基于中山装的的基调，在客户提出的要求下进行了扩展性设计，融入了西装要素，西装领、衬衫领、对襟等要素进行互相搭配，最后将效果图供客户选择。最终张先生仍是选择了中式元素较多的指挥服，中式开立领的外套和衬衫，盘扣、款式。张先生认为，在指挥服上中式元素的映衬，与民乐更契合，更合拍，有一致的精气内涵，人也更显儒雅风格。

2.设计方案

通过朋友介绍在本工作室定制一套中式套装，参加下次的民乐演出的指挥活动，希望指挥演出服能够别致一些，不落窠臼。要求面辅料高档，款型经典，简约大方，做工精良，具有一定的时尚性，外套为常规中华立领，衬衫的领子高出外套领子可稍微外翻也可翻折下来，肩部要力挺凸显精气神，最重要的一点是作为民乐指挥，定制服装在行动功能上要考虑到如袖窿、前衣襟的宽松度，色彩选择为男士礼服常见的黑色、藏青色等。价格根据面料的档次不同随心选择，不做限定。通过调研与访谈统计测量尺寸如表5-4所示。

表5-4　指挥服尺寸数据统计表及设计方案

部位	尺寸（cm）	部位	尺寸（cm）	款式图
身高	180	肩点－手腕	61.5	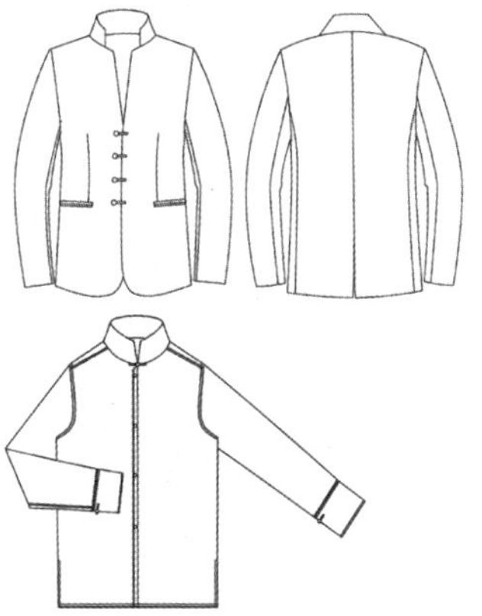
体重	90（kg）	腰围－脚踝处	111.5	
颈根围	47	立裆深	38.5	
胸围	103.5	前胸宽	47.5	
腰围	95	后背宽	48	
臀围	111.5	袖窿围	49.5	
肩宽	48	大臂围	38.5	
肩颈点－BP－虎口	72.5	衣长	78	
注：考虑乐团指挥服的运动量（肩部、袖窿处）；衬衫的领子略高过外套领子；中式外套和衬衫第一粒扣、袖口处的扣子为盘扣；外套后中缝开衩；衣长要盖过臀部，衬衫袖比外套袖子长；裤子按照常见的西裤的款式，腰头表面是有裤襻的西裤，内部松紧带。				

3.设计效果图（图5-10）

图5-10　指挥服效果图

4.定制服装假缝制作（图5-11）

5.定制服装展示（图5-12）

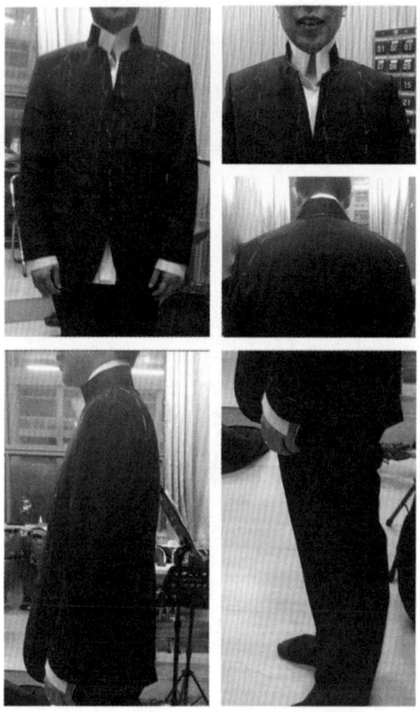

图5-11　指挥服三件套假缝试穿

图5-12　指挥服着装效果

第三节　传统服饰的创新设计实践

一、度形定制设计案例

（一）《曲水流觞》系列设计

1. 主题说明

“此地有崇山峻岭，茂林修竹，又有清流激湍，映带左右，引以为流觞曲水”，典故出自王羲之的《兰亭集序》。曲水流觞是中国古代汉族民间的一种传统习俗，每年农历三月在弯曲的水流旁设酒杯，流到谁面前，谁就取下来喝，可以除去不吉利。“曲水流觞”主要有两大作用，一是欢庆和娱乐，二是祈福免灾。后来发展成为文人墨客诗酒唱酬的一种雅事，亲近大自然、纵情于山水，传达出特有的浪漫主义情怀。（图5–13）

图5-13 《曲水流觞》主题说明

2. 设计思路

根据课题的研究要求此系列设计凸显定制服饰款式上的“形”，即廓型感和造型感等，主要针对对传统形制有个性要求的目标群体，结合《兰亭集序》中的“曲感”，通过褶皱的堆叠、层叠去表达，而洛可可时期褶皱、堆叠这种手法也经常使用，可以将此作为灵感库进行资料收集和调研，并结合当下的女装流行趋势进行创意设计。

本系列设计作品意在颠覆传统优雅端庄的一袭裙装的旗袍女性形象，通过调研不难发现，巴洛克乃至洛可可时期的服装是极致追求奢华的，过分层叠的蕾丝和累累叠加的花朵传递着精致奢靡的女性形象，过于装饰堆砌而缺乏一定的实穿性，更与当代生活方式下寻求生活独立、表现独特个性的女性形象相违背，借取洛可可时期褶皱的局部表达，提取传统服饰文化中立领、连袖、对襟等关键要素，力求塑造生活积极、街头、浪漫、清雅的文艺女性形象。（图5-14）

图5-14 《曲水流觞》设计思路

3. 主题色彩与面料

此系列设计定位20~30岁、彰显个性特色、偏好街头服饰风格的客户群体。面料选择

图5-15 《曲水流觞》面料与花边的选择

镂空蕾丝、光泽廓型感欧根纱、黑色皮革三个主要面料进行搭配，辅助面料选择立体百褶荷叶边、仿皮革花边或织带，系列黑色感凸显女性的性感与神秘、以不同形态的曲线线条彰显女性的柔美与浪漫。（图5-15）

4.工艺说明

褶皱的种类可以说是纷纭繁多，有压褶、抽褶、自然垂褶、面料褶等，形态各异。褶皱材质、工艺、造型、位置等设计手法的不同，会产生不同的美感，对服装的风格产生不同的影响。曲水流觞，表达两大特征，一是流动的曲线、二是浪漫主义情感。曲线线形以抽褶、褶皱、花边等形态表现；薄纱提花镂空蕾丝和黑色皮革面料相互叠加，厚与薄、虚与实等相互碰撞，整体宽松流畅、轻薄质感、浪漫神秘的风格特征。

5.设计演变过程

将街头风格与传统服饰文化要素结合，仿皮革与蕾丝、立领、盘扣、开衩等结合，传统与现代、古与今等对比与结合；面料再创造，将百褶荷叶边进行线、面、体的多重排列组合和扭曲，在款式与廓型上形成动与静结合的廓型感。（图5-16）

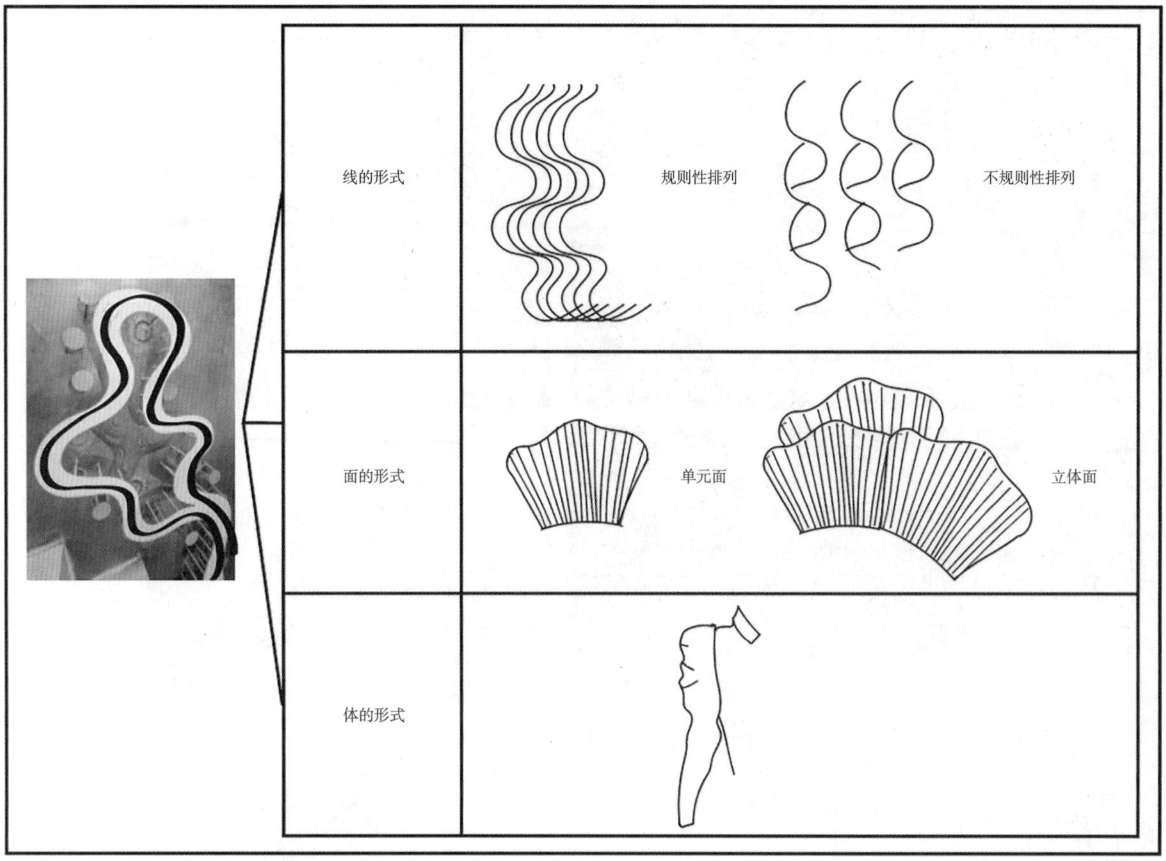

图5-16 《曲水流觞》设计演变过程

6.设计图稿

第一套，由假两件不对称套头衫、喇叭皮裤组成。套头衫由蕾丝上衣和抽褶欧根纱组合，不对称上衣下摆，蕾丝与欧根纱下摆凸显层次感，花边面料改造由腰部延伸至前胸后背，喇叭皮裤侧缝设计珍珠蕾丝花边加以点缀与对比。第二套，由立领对襟半开衫和抹胸式长裙组成，对襟半开衫的立领、门襟、袖克夫均是欧根纱拼接皮革，抹胸式长裙由皮革、欧根纱、蕾丝等面料叠加而成，下摆出辅助层次感花边体现廓型感。第三套，由中袖连帽短卫衣、无袖修身旗袍和不规则半裙组成，上装卫衣的前胸以及肩部以抽褶细节设计，并在前胸部进行立体花边设计，后片为披肩款式，半裙以拼接欧根纱、珍珠蕾丝花边装饰皮革的不规则细节设计。第四套，由无袖高领连衣裙和V领长马甲组成，皮革长马甲侧开叉层搭蕾丝，在前胸部抽褶，立体荷叶花边夸张袖型，高领连衣裙在胯部设计斜线式抽褶拼接，凸显蓬松感和空间感。（图5-17、图5-18）

7.服装加工与制作（图5-19）

8.服装效果展示（图5-20）

图5-17 《曲水流觞》草图绘制

图5-18 《曲水流觞》效果图

图5-19 《曲水流觞》制作过程

图5-20 《曲水流觞》着装效果

（二）《苗鸿溯源》系列设计

1.主题说明系列设计

宁波金银彩绣古朴雅致、色彩和谐、绣工精湛。当代著名学者赵朴初题赞为：斟古酌今，裁云剪月；奇花异草，妙笔神针。苗族的图腾古老而又神秘，是传统人们对美好生活的向往和寄托，带着现代人对祖先的敬拜，带着人类对自然的崇敬，带着对传承的向往与努力，营造时尚的未来。（图5-21）

图5-21 《苗鸿溯源》主题说明

2. 设计思路

独立设计师金晨怡SHELLYJIN运用宁波金银彩绣和苗族的图腾汲取灵感，以西方立体裁剪加之现代的艺术表现形式，装点在服装上，仿佛在上演一场人类历史的穿越剧，带着现代人对祖先的敬拜，将民间喜闻乐见的经典元素，如蝴蝶纹，鸟纹，鱼纹和植物等纹样元素进行视觉重构设计，揉进了现代设计赋予苗绣与金银绣一种后现代主义的美感。对传统的中国符号进行解构破坏再设计，精美繁复的刺绣加银饰点缀工艺，奔放浓烈的色彩，汪洋肆意的想象力，呈现斟古酌今，裁云剪月的特色。让我们欣赏到中国纹样的新混搭风貌。

3. 主题色彩与面料

此系列设计定位25~40岁、彰显个性特色、偏好中国元素与西方裁剪的MIX服饰风格的客户群体。面料选择格子西装面料、丝绒、丝绸三个主要面料进行搭配，辅助面料选择传统土布、网纱进行搭配，色彩上选择红砖色和粉色为主色，凸显品牌的混搭设计风格。（图5-22）

图5-22 《苗鸿溯源》主题色彩与面料

4. 设计图稿（图5-23、图5-24）

图5-23 《苗鸿溯源》款式图

图5-24 《苗鸿溯源》效果图

5. 面料加工与制作（图5-25）

图5-25 《苗鸿溯源》面料加工与制作

6. 成衣效果展示（图5-26）

图5-26 《苗鸿溯源》成衣展示

二、度情定制设计案例

（一）《别有洞天》系列设计

1.主题说明

又名月光门-月华门中国传统园林建筑中门的建筑形式，构建出各式各样的门楣和变化多端的花窗、漏窗来，让游人徜徉其间，能感觉到一步一景、移步换景、妙趣天成的意境，一步一景，别有洞天。（图5-27）

图5-27 《别有洞天》主题说明图

2.设计思路

“度情定制”，此系列的设计属于传统服饰文化元素应用下的成衣系列设计。主要针对偏好旗袍形制、讲究服装品质的目标群体，以期通过服饰定制达到情感与设计的共鸣层次。提取分解典园林建筑-月洞门主题素材，关键要素简化、抽象为圆形、回纹、半瓦当等，变形应用于廓型、局部细节等，此系列的廓型、款式、面料较为简单，风格上继续延伸旗袍华丽、优雅、古典特征，“情”主要通过旗袍创新款式、面料的质感和装饰工艺来烘托氛围和提升美感。

3.主题色彩与面料

此系列设计定位20~35岁、热衷于旗袍形制、追求高品质、精致奢华类服饰风格的客户群体。本系列设计的色彩主要由深紫色与粉紫色组成，面料选择重磅桑蚕丝面料、光泽廓型感欧根纱、重工钉珠网纱面料三个主要面料进行搭配，辅料选择装饰性的珠片类，系列设计不同的紫色感凸显女性的优雅与气质、彰显女性的柔美与浪漫。（图5-28）

图5-28 《别有洞天》色彩与面料图

4.工艺说明

月洞门具有“框景”的审美艺术，通过对洞门的观察以其明暗对比、光影关系、隔藏、借景漏景等形式体现艺术效果，采用印花、刺绣、镂空层叠、拼接等手法，达成灵感与创新点的融合。

洞门的“圆”型：

→款式的整体造型+局部细节

洞门上方的“瓦当”：→立体与平面的结合（衣襟、袖子等）

洞门两侧“植物”：竹纹→刺绣、印花

5.设计演变过程（图5-29）

6.设计图稿（图5-30~图5-32）

图5-29 《别有洞天》设计演变过程

图5-30 《别有洞天》草稿绘制

图5-31 《别有洞天》款式图

图5-32 《别有洞天》效果图

7.面料加工与制作（图5-33）

由于主要绸缎面料由80%的桑蚕丝和20%的棉混纺组成，在印染的过程中增加了难度，由于淡紫色面料已经是软化后成品而再进行二次上色或印花，达不到理想中的要求。通过不断地尝试，最终选择绸缎面料的生丝坯样（尚未进行软化），流程大致为上浆－印色－印花－蒸化－水洗－定型。

在完成印染后的面料上进行竹纹刺绣，经过打籽绣、平针绣、长针绣三种绣法的结合试验后，最终选择了打籽绣和长针绣节后的技法，由淡粉色向深紫色渐变形成肌理感，加上提花面料本身的花纹，整体凸显层次感。（图5-33）

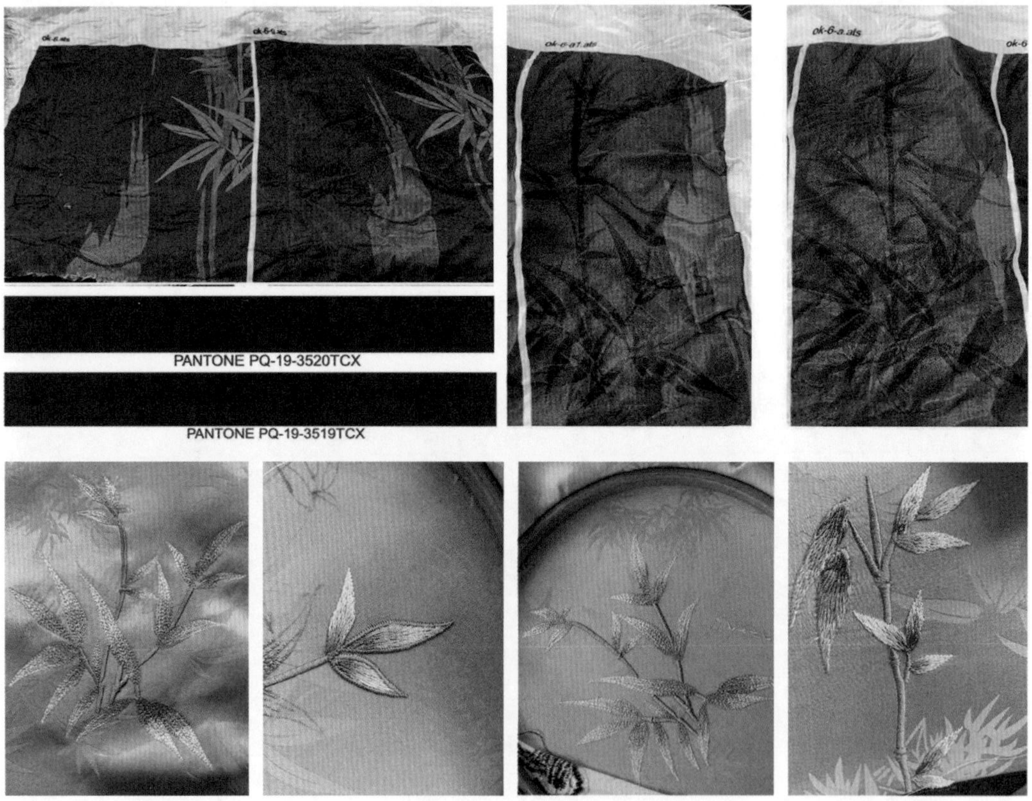

打籽绣+长针绣　平针绣+长针绣　打籽绣+长针绣　长针绣

图5-33 《别有洞天》面料的加工与制作

8.服装效果展示

第一套，由无袖立领连身裤与活动腰封组成，连身裤的肩部设计独立于衣身的飞袖，回纹刺绣腰封与重工钉珠网纱面料结合，提花竹纹绸缎衣身的基础进行竹纹刺绣，整体塑造出旗袍独特优雅庄重韵味又不乏女性的力量感和独立气质。第二套，由无袖立领连衣裙和组合式立领套头衫组成，深紫色提花绸缎旗袍连衣裙，衣身进行二次竹纹印花，整体丰富的图案工艺形成层次感，立领套头衫由镂空马甲和飞边装饰的欧根纱小上衣形成的假两件，马甲的镂空款式、欧根纱的飞边是对月洞门、瓦当元素的变形与应用。第三套，是组合式连衣裙，由欧根纱短上衣和无袖旗袍组成，其一打破常规旗袍的开衩方向和数量，将其转移到前侧方向并成为设计亮点，其二组合套装的立领是由假两件由后领位置交叠延伸至前领窝位置。第四套，为立领短上衣和抹胸式连体裤组合，小上衣前后片桑蚕丝与重工钉珠网纱面料拼接、侧缝未缝合，凸显隐约朦胧的美感，连体裤保留了旗袍的侧缝开衩工艺，在旗袍的改良中保留特色。（图5-34）

图5-34 《别有洞天》成衣展示

（二）《珠翠罗绮》系列设计

1. 主题说明

中华传统服饰是优秀的传统文化历史遗存，“珠翠罗绮”指妇女华美的服饰，这一词语出自宋代周密《武林旧事·观潮》：“江干上下十余里间，珠翠罗绮溢目，车马塞途”，展现了南宋时期服装纺织业的繁盛，以及人们对服饰美观华丽程度的较高追求。

2. 传统纹样提取

服装中的图案元素往往象征着穿着者的身份及地位，自古以来中华服饰图案的元素都颇有讲究。因此在设计这一系列服装的时候，也将中华文化中寓意着“金玉满堂”“和和美美”的金鱼和荷花元素融入进来，增添了美好寓意。

3.工艺创新说明

工艺以不同面料的拼接为主，运用不同质感、但相同色系的蓝染面料、土布、雪纺纱、中硬度网眼纱面料，分别在肩部、袖口、衣身的部位进行拼接和叠加，配合局部的压褶、抽褶等工艺进行制作。图案运用激光雕刻的形式，将设计好的“鲤鱼戏莲”图案进行雕刻后再附到成衣上，作为衣服的主要装饰，图案颜色与包边条颜色一致，相互呼应。不同质地蓝染面料的拼接使服装的细节更加丰富，颜色大多为深色，蓝染面料上不同的暗纹与浅色格纹土布虚实结合，再搭配微带流光的雪纺纱进行叠加，呈现出低调、神秘之感。(图5-35)

图5-35 《珠翠罗绮》主题说明

4.设计图稿

第一套服装，由一个改良旗袍内搭和一件长外套组成，旗袍内搭采用蓝染面料与土布拼接的方式进行制作，再局部进行包边处理，外套上做了一个不对称的翻领的设计，为微修身的版型，在腰部打褶并且收省，下摆面料为蓝染面料与雪纺纱和中硬度网纱进行拼接，突出下摆部分的层次感。第二套服装，为一个上衣和一件半身裙组成，上衣肩部用蓝染面料与土布进行叠加的方式进行设计，袖子为宽松的灯笼袖，运用土布作为带子在袖口进行装饰，衣身部分为不同质感的蓝染面料的拼接，半裙主要为雪纺纱的叠加和抽褶的设计，使其线条流畅。第三套，为一件内搭长裙和短款外套组成，内搭长裙主要为蓝染面料和土布的拼接以及以及局部抽褶进行设计，为修身款式，外套为一件宽松的翻领短外套，肩部有打褶的设计，以不同质感的蓝染面料拼接而成。(图5-36、图5-37)

款式图1

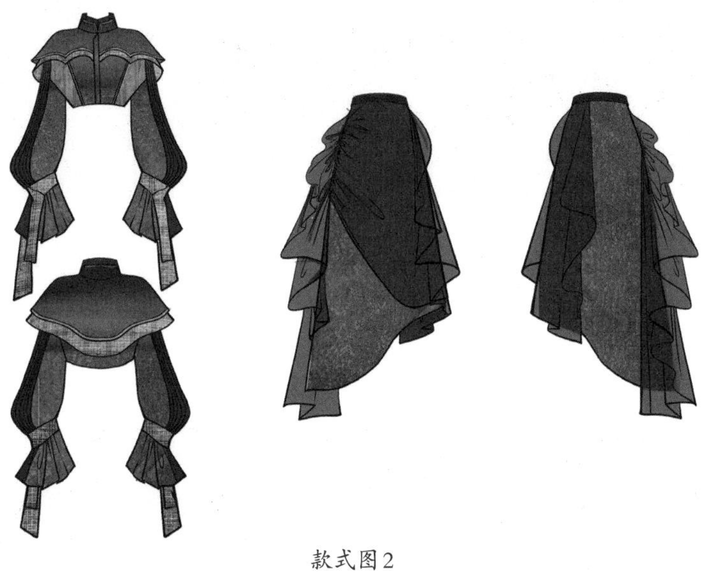

款式图2

款式图3

图5-36 《珠翠罗绮》款式系列设计

图5-37 《珠翠罗绮》效果图

5.服装效果展示（图5-38）

图5-38 《珠翠罗绮》成衣拍摄

三、度艺定制设计案例

（一）《千里江山》系列设计

1.主题说明

“千里江山”灵感来源于北宋王希孟的《千里江山图》，提取汉族特色的民俗符号及款式进行结构重组，并与千里江山图中所提取出的颜色与线条进行重新融合组合出全新的汉族创新服饰，再配以相对应提取元素的饰品相互呼应，“千里江山“的磅礴气势与锦绣河山也对应了这些民族内涵与民族气节。表达出汉族特有的包容性与民族团结性。（图5–39）

图5-39 《千里江山》主题说明

2. 工艺创新说明

工艺以印花加刺绣与绗缝的组合工艺为主，进行不同工艺的不同组合。面料选择混纺复合面料，进行《千里江山图》的不同明暗色彩的印花。通过以不同明暗程度的印花拼接形式为主衣身的制作，而通过金线包针绣将江山的轮廓进行重新描摹，营造出山水画卷之感，通过绗缝手法做出海水纹纹样，增加山与水在工艺上的结合意蕴。（图5-40）

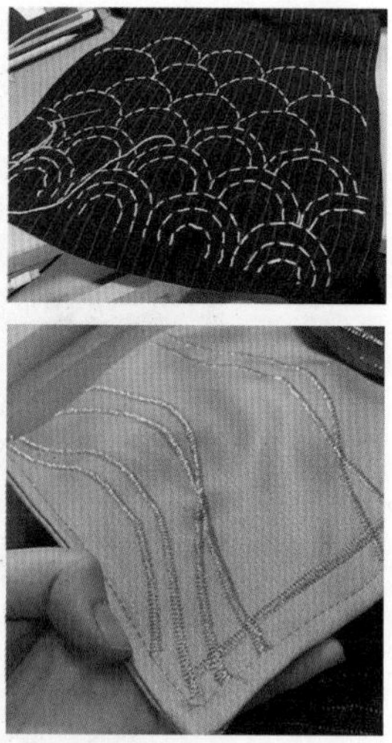

图5-40 《千里江山》工艺图

3. 设计图稿

三套服饰皆以传统服饰为基础型，进行解构重组，再与西式服饰款式进行结合。第一套，以西方西装外套为原型，在下摆处进行《千里江山图》的重组与色彩重置，再进行拼接，内搭为香云纱所制的交领内搭，下裙为南通土布制作的改良款马面裙，在马面裙上进行绗缝上海水纹。第二套，为西装改良款的短外套，袖子为百褶造型，下裙为百褶裙，在领子处绗缝海水纹。第三套，为交领形式的半臂改良款，下裙为A型裙摆。在飘带处进行绗缝海水纹和山型轮廓线。配色均以《千里江山图》中提取出的中国传统绘画颜色。（图5-41、图5-42）

图5-41 《千里江山》款式图

图5-42 《千里江山》效果图

4.成衣效果展示（图5-43）

5.T台走秀图（图5-44）

图5-43

图5-43 《千里江山》成衣拍摄

图5-44 《千里江山》T台走秀

（二）《东方韵律》系列设计

1. 主题说明

书法是中华民族特有的传统艺术形式，书法艺术中的“气韵生动”精神内涵与服装设计如出一辙。将写意的书法用笔水墨晕染造型提炼出来，并根据其韵律美设计出极具现代的抽象几何图案。使传统文化与现代时尚相融合，前卫的解构与传统融合，传统服饰文化与现代美学相结合。打破传统固有印象，创作适合当下时尚的东方韵律。整个系列颜色提取书法意韵中的经典且永恒的黑白灰配色来突出整体服装的调性。

2. 面料提案

面料选用强化可持续化极简趋势，将挺括感的织锦缎搭配柔美感的真丝绡、天然纤维亚麻与带有弹力的针织，舒适而又自然，简单而不失气质。（图5–45）

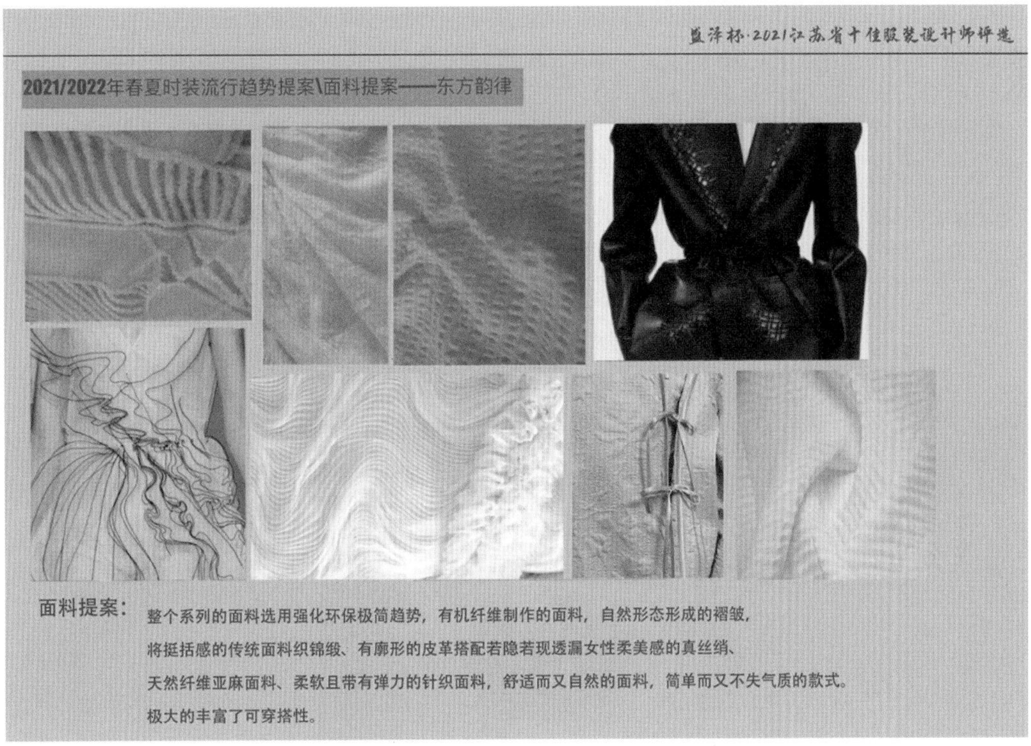

图5-45 《东方韵律》面料提案说明

3. 款式说明

款式上以中式平裁为主，通过褶皱工艺的功能性来塑造服装的空间感，一衣多穿，极大地丰富了可穿搭性。辅之传统绗缝、苏绣和现代激光切割工艺，将工艺的功能性与装饰性巧妙结合。使整体服装更具包容性和可调节性。（图5–46、图5–47）

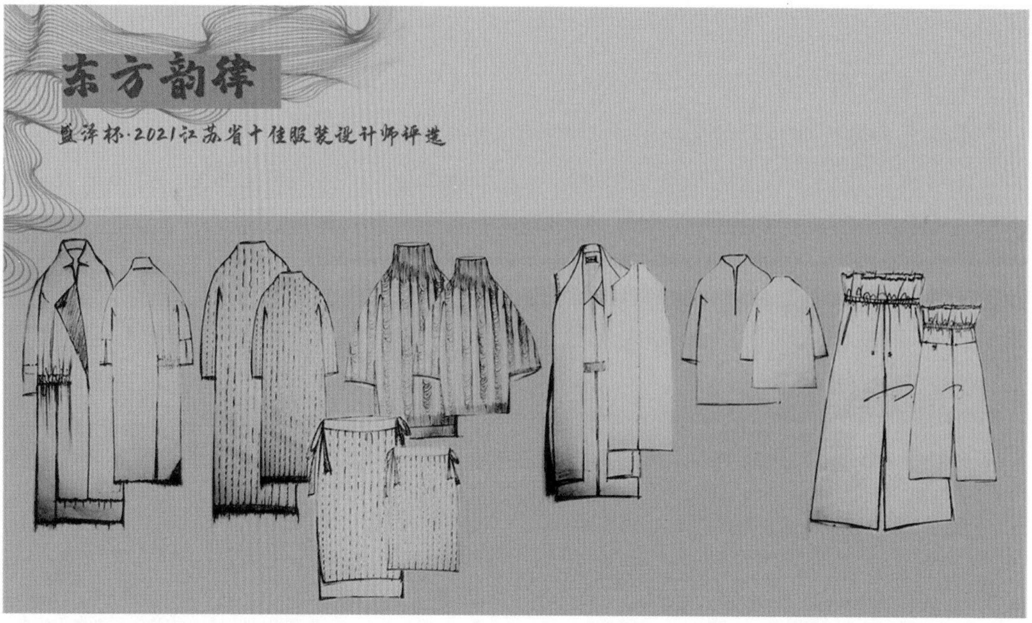

图5-46 《东方韵律》款式图

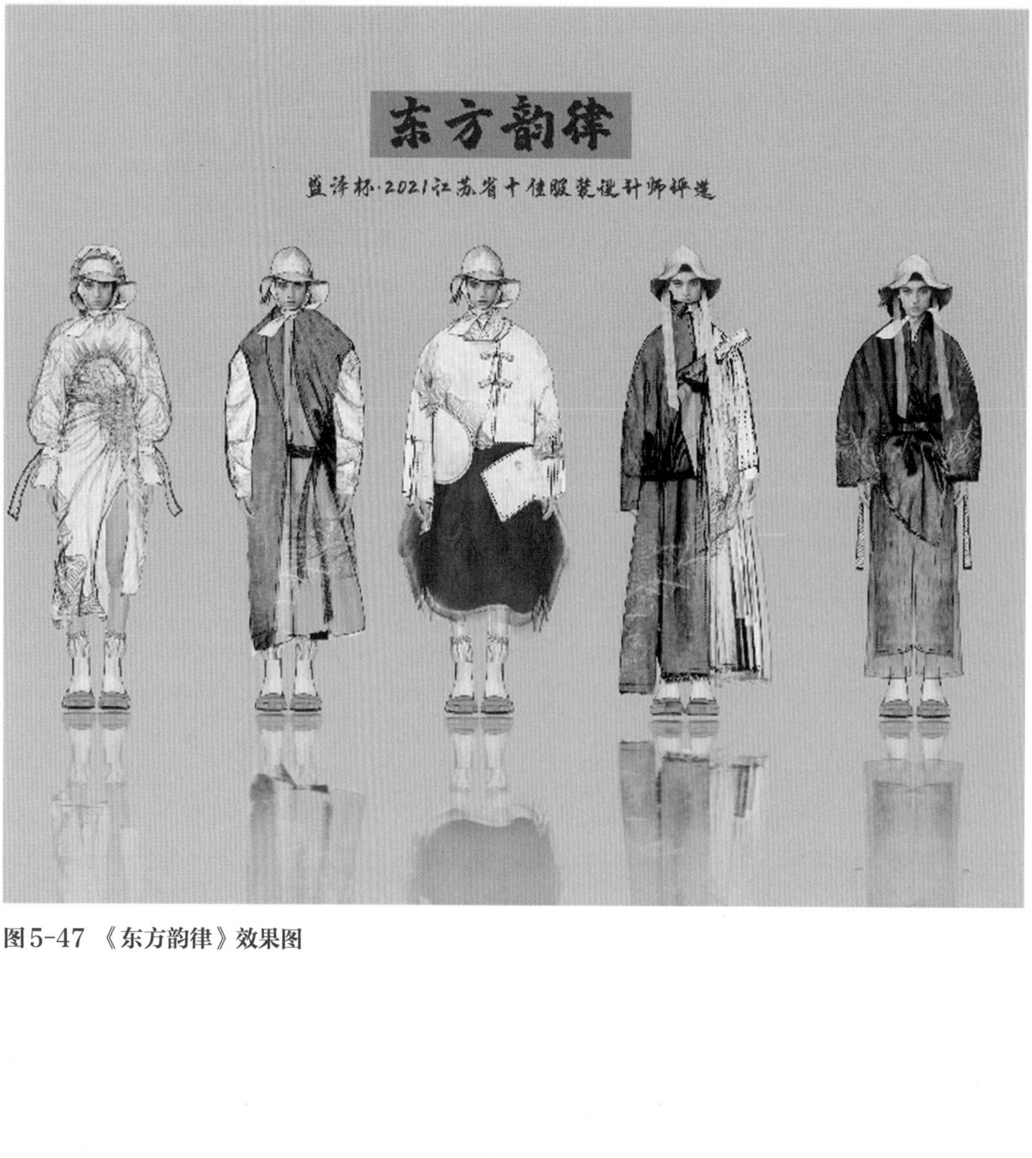

图5-47 《东方韵律》效果图

4.制作工艺（图5-48、图5-49）

图5-48 《东方韵律》工艺设计说明

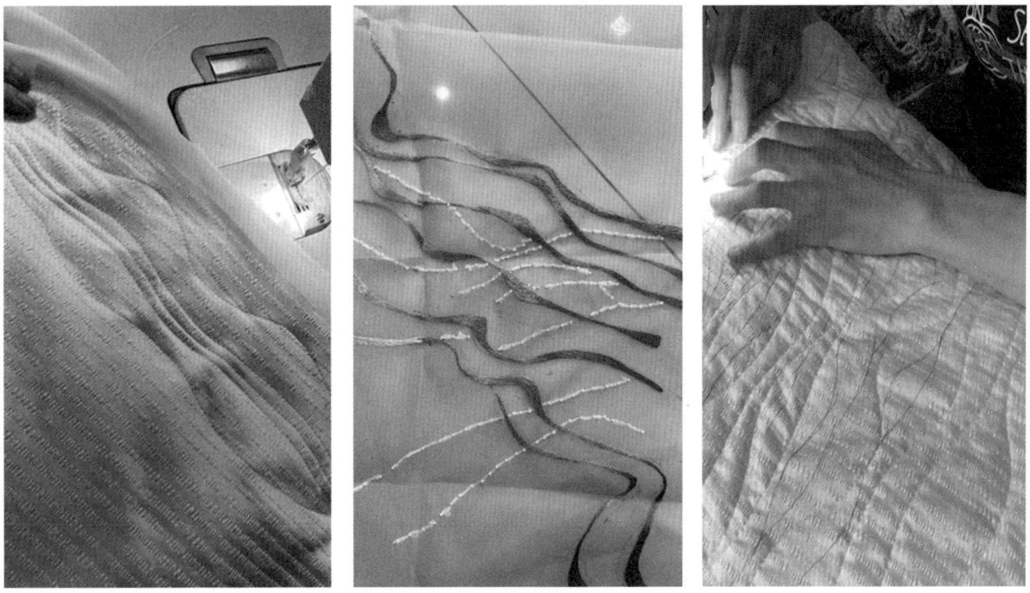

图5-49 《东方韵律》工艺图

5.成衣效果展示

静态展示及T台走秀图。(图5-50、图5-51)

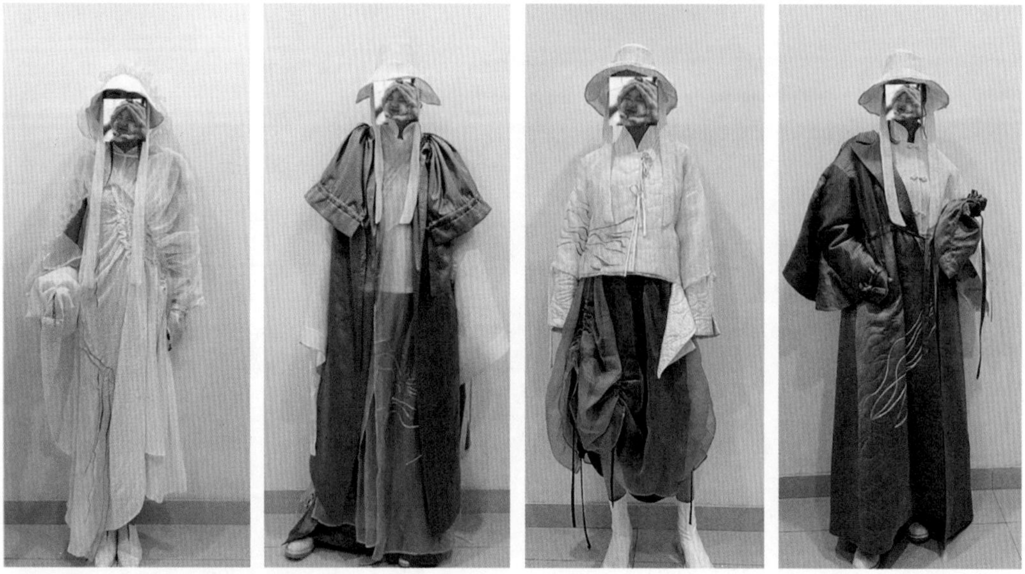

图5-50 《东方韵律》静态展示

图5-51 《东方韵律》T台走秀

（三）《缬·韵》系列设计

《缬·韵》为温州时尚设计师金晨怡SHELLY JIN的作品，此作品运用夹撷工艺，并以昆曲内容作为图案题材，利用对称花版的变异性和现代新型面料的拼接应用，加强时尚性和可穿性，服装面料上的图案造型完整，构图有秩序感和形式感，韵味十足。（图5-52）

图5-52 《缬·韵》创新实践设计成衣展示

课后思考练习

1.举例说明，度形定制、度情定制、度艺定制在进行服饰设计时，侧重点分别是什么？

2.根据自己对度身定制设计的理解，参照下图设计师品牌作品案例，设计一个中式服装品牌系列，结合当下的市场需求，确定其主要设计元素、设计思路，色彩主题、面料设计以及设计演变过程，完成最终服饰产品策划。

本讲拓展阅读书目

[1]赵平.中式服装品牌与消费行为研究:案例与实证[M].北京:中国纺织出版社,2019.

[2]西蒙·希费瑞特.时装设计元素：调研与设计[M].2版.北京:中国纺织出版社,2018.

[3]马丽.品牌服装设计与推广[M].北京:中国纺织出版社,2018.

[4]卞颖星.品牌女装设计与技术[M].北京:中国纺织出版社,2018.

[5]李红月,邱莉，赵志强.服装设计[M].成都:西南交通大学出版社,2016.

[6]许江.设计东方中国设计国美之路:东方设计·特色篇M].杭州:中国美术学院出版社,2016.

[7]马大力.服装品牌策划实务[M].北京:中国纺织出版社,2015.

[8]凯瑟琳·麦凯维，詹莱茵·玛斯罗.时装设计:过程、创新与实践[M].2版.北京:中国纺织出版社,2014.